Fluidmechanische Repeller-Phänomenologie. Wie ein Spitzenwirbel die Fluidströmung formt

Michel Felgenhauer

GRIN

Bibliografische Information der Deutschen Nationalbibliothek:

Die Deutsche Nationalbibliothek verzeichnet diese Publikation in der Deutschen Nationalbibliografie; detaillierte bibliografische Daten sind im Internet über http://dnb.d-nb.de abrufbar.

ISBN: 9783964876171
Dieses Buch ist auch als E-Book erhältlich.

Trappentreustraße 1
80339 München

Druck und Bindung: Books on Demand GmbH, Norderstedt Germany
Gedruckt auf säurefreiem Papier aus verantwortungsvollen Quellen

Das Buch bei GRIN: https://www.grin.com/document/1441796

Fluidmechanische Repeller-Phänomenologie
How a tip vortex shapes the fluid flow

Michel Felgenhauer Berlin, 2024

Repeller sind Energietransformatoren. Und sie sind fluidische Kraftmaschinen. Repeller wandeln den Impuls, den eine bewegte Strömung enthält in mechanische Bewegungsformen. Dies gelingt mit einem Wirkungsgrad, der verfahrensbedingt bei etwa fünfzig Prozent rangiert. In der Technik der modernen Repeller, der Wissenschaft und Lehre über die Energietransformation mit Strömungskraftmaschinen, existieren performante Theorien, vielfältige Ergebnisse experimenteller Analysen sowie numerische Modelle von Repellern und computerunterstützte Simulationen, die das energetische Wechselwirkungsgeschehen bei der Energiewandlung ausreichend gut beschreiben. Was die Fluidmechanik betrifft, erscheint dem Außenstehenden die Gestaltung der modernen Windkraftanlage als abgeschlossen. Der vorliegende Aufsatz wirft mit einem auf Wirbelmodellen basierendem Simulationsansatz einen Blick auf die „demolierte Strömung" im Strömungsnachlauf eines Repellers und auf die Frage, wie die idealisierte fluidische Kraftmaschine das Strömungsfeld formt, das sie umgibt.

Repellers are energy transformers. And they are fluidic power machines. Repellers convert the impulse contained in a moving flow into mechanical forms of movement. This is achieved with an efficiency that, due to the process, is around fifty percent. In the technology of modern repellers, the science and teaching of energy transformation with fluid power machines, there are high-performance theories, diverse results of experimental analyzes as well as numerical models of repellers and computer-aided simulations that describe the energetic interaction processes during energy conversion sufficiently well. As far as fluid mechanics is concerned, to an outsider the design of the modern wind turbine appears to be complete. Using a vortex model-based simulation approach, this paper takes a look at the "demolished flow" in the wake of a repeller and how the idealized fluidic force machine shapes the flow field that surrounds it.

Keywords: Repeller, fluidic power machines, impulse, energetic interaction processes

<u>Aus dem Inhalt</u>

Vorweg

Erwartbar aber ungelegen hatte ich mich wieder mit dem Thema „Windenergieanlagen" zu beschäftigen. Nach über dreißig Jahren. Damals in den 90er Jahren des vergangenen Jahrhunderts hatte ich eine kurze, vielleicht dreijährige Zuständigkeit für die „Berliner Windkraftanlage BERWIAN" an Fachgebiet Bionik und Evolutionstechnik der Technischen Universität Berlin[1]. Und es war keine heroische Zeit.

Geschichten zur Windenergienutzung erzählen meist über Windmühlen. Wie sie der Strömung Energie entziehen, wie sie diese Energie verwandeln und wie gut sie das können. Windmühlen leiden aber auch; sie verformen sich unter Last und in der Strömung, altern und können gelegentlich zerbrechen. Windmühlen sorgen für Disco-Effekte, können laut werden und Wappentiere verjagen oder sogar erlegen, wie aus dem Brandenburgischen gemeldet wird. Windmühlen werden, was das Energiewandeln betrifft, immer besser, robuster im Betrieb und sicherer über die Zeit. Und sie werden auch immer Größer. Die Literatur über Windkrafttechnik vom Stand der Forschung und zur rezenten Lehrmeinung, beantwortet alle erforderlichen Berechnungs- und Gestaltungsfragen und – was immer wichtiger wird – benennt Kosten der Fertigung, des Transports, der Montage und der Gewinne im Betrieb. Die Windenergie-Wissenschaft stellt die Voraussetzungen zur Beschreibung aller physikalischen Phänomene im Zusammenhang mit der komplexen Maschine, modelliert und simuliert ganze Windenergieanlagen und geht mit einem etablierten Kanon spezifischer Berechnungsgrundlagen zukünftiger Windkrafttechnik voraus. Das war nicht immer so. Technik funktionierte oft ohne dass ihre Erfinder und Erbauer genau wussten, warum. Sie, die Technik, ging früher der Wissenschaft voraus und wir modernen Ingenieurinnen und Designer können nicht sicher entscheiden, ob das nun gut ist oder nur anders. Lesen wir Geschichten zur Windenergienutzung, erfahren wir viel über den Segen früher und rezenter Windenergietechnik und über die weiteren Aussichten des Konzepts Windkraft. Wenig erfahren wir jedoch darüber, wie die technische Umsetzung eines einfachen Windrades und die physikalischen Phänomene dieser Kraftmaschine einen Strömungsraum umorganisiert, der sie beherbergt. Die nachfolgende Rede betrifft die ganz eigentümlichen Fluidstrukturen, wie sie beim Betrieb von Rotationswindkraftmaschinen auftauchen und Ihre Wechselwirkung im bewegten Strömungsfeld[2].

Historie

Ein lieber Kollege riet mir, meinem Vortrag zu einer – aus seiner Sicht gewagten und auch unnötigen -Repellertheorie ein wenig „Historie zur Windkraftnutzung" voranzustellen. Um das Klientel wohlzustimmen. Dem komme ich nach. So gut es geht. Meine eigene Historie der Windmühlen beginnt mit der Geschichte von Max und Moritz von Wilhelm Busch und ich wähnte sie irgendwann im ausgehenden späten Mittelalter angesiedelt (.... in Wirklichkeit im 19. Jahrhundert[3]). Genau hier mahlt und rotiert die gute Holländer-Windmühle das Korn und lässt es den bösen Buben angemessen schlecht ergehen. Aber das ist natürlich nicht die Wiege der Windkraftnutzung, sondern nur das, was wir gerne über sie erzählen möchten. Und: sofern wir nicht über das Europa vergangener Zeit hinausgehen wollen. Es gilt unter Historikern als sicher, dass es die Perser waren, die als erste Kultur die Kraft des Windes systematisch und mit eigens entwickelter Technik nutzten. Also, gut; das „persische Windhaus" datiert um 500 vor unserer Zeit, stellt ein erstes Verdränger-Windrad dar und gilt als früher, ja als frühester windgetriebener Mahlstein. Der rotiert; das ist den Historikern wichtig: „der rotiert". Und am anderen Ende der Welt? Selbst der chinesische Flugdrache – ein militärisches Gerät - ist (nur) etwa 2000 Jahre alt. Vielleicht weil er gerade nicht rotiert, würde ich gerne über chinesische Flugdrachen referieren, aber das wäre eine ganz andere Geschichte, wenn auch spannend.

Wedeln ist ja auch so eine Art Rotation. Ein von Menschen ersonnener Flügel, der wedelt und wenn gefragt, aerodynamische Prozesse für sich in Anspruch nähme, ist das polynesische Krabbenscherensegel; eine mobile Offshore-Windkraft-Bewegungsmaschine. Mit dem polynesischen Segel wird gesegelt. Wie bei westlichen Schiffen, kann man mit dem (von Westlern so bezeichneten) Krabbenscheren-Segel (CC-Rigg) vor dem Wind segeln, was aus aerodynamischer Sicht einem fluidmechanisch wirksamen „Verdrängerprozess" entspräche. Das Krabbenscheren-Rigg segelt aber auch „am Wind" wie es inzwischen mit jedem westlichen Marconi-Segel (das ist die klassische Dreieck-Segelform) gelingt[4]. Das CC-Rigg beherrscht noch eine weitere Segelart: das Pumpen,[5] Eine sehr effiziente Fortbewegungsweise.
Mit Booten mit Krabbenscherensegeln haben die Polynesier den gigantischen pazifischen Raum von Hawaii im Norden, den Breitengraden 60 im Westen bis Indien und im Osten bis an die Küste Südamerikas „sicher" befahren. Sicher bedeutet bei Westlern (Europa) wie ebenso bei den Südsee-Kapitänen „mit Heimkehrvermögen". Im heutigen Peru gestrandete Krabbenscherenboote werden auf Erstellungszeiten um 2700 v Chr. beziffert. Hochseetauglich, ja. Aber die gestalterische Herausforderung der polynesischen Proa war (sehr wahrscheinlich) nicht die Fahrt in der gleichmäßigen, wenn auch rauen See des Pazifiks, sondern das Gefährliche jeder Reise war und bleibt das heimische Riff. Denn genau so, wie wir es in der Geschichte des Robinson Crusoe gelesen haben, ist es das Riff[6], das den Verunglückten gefangen hält. Anders als die hohe Dünung im offenen Meer ist die Riffwelle tückisch; in Sinne von tödlich. Schmale Passagen und extrem kurze Wellen führen aus den heimischen Wassern – berechenbar, fischreich, begrenzt gefährlich – auf das offene Meer – zur Fernreise einladend. Das Riff ist beherrscht von der extrem kurzen Welle[7]. Die Proa mit ihrem Krabbenscheren-Segel wiederum beherrscht eine Bewegungsart, die diese kurze Welle in einer Pendelbewegung nutzt um extrem hohe Geschwindigkeiten am Tragflügelende (bis zu 180 km/h) zu generieren was, wie wir später sehen werden - zu einer monströsen Zirkulation führt.
Nach dem Feuer ist die Windenergie also eine der ältesten vom Menschen genutzten Energieformen. Seit wenigstens 5000 Jahren arbeitet der Mensch, der Sapiens, das Werkzeug machende Tier, mit der Energie des Windes. Die moderne Nutzung von Windenergie ist also eher die Wiederaufnahme einer tradierten Technik, deren historischer Ursprung Gegenstand widersprüchliche Ansichten ist, als eine moderne Erfindung. Mehr noch: Windenergienutzung hat keinen von Menschen gemachten, technischen Ursprung, denn die Windenergietechniken sind seit Jahrmillionen der natürlichen Evolution, immer weiter und weiter in und aus sich heraus entwickelt worden; fliegende Tiere und Pflanzen sind der Beweis einer bis an die Grenze des physikalisch Machbaren, reichenden Optimierung der Nutzung der Windenergie.

Repeller

Ein Vogel oder ein Modellflugzeug, das durch ein ruhendes Fluid segelt, arbeitet auf eine sehr elegante Weise ein Höhenpotential ab. Im ruhenden als auch im bewegten Fluid ist dieser Vorgang ein „Arbeitsprozess". Das Flugsystem koppelt Energie in das Feld ein!
Ganz anders ein Windrad. Die Strömungsenergie, die ein bewegtes Fluid besitzt, ändert sich mit der Dichte des Mediums; bei Luft ist die Energiedichte eher gering. Deshalb sind moderne Windmühlen meistens groß. Die Energiewandlung ist hier ein „Kraftprozess". Der Repeller eines Windrades entkoppelt Energie aus dem Feld. Windmühlen sind Kraftmaschinen.
Sinnfällig wiederum, der Propeller. Als Arbeitsmaschine koppelt der Propeller Energie in das Feld ein mit dem Ziel, Reaktionskräfte zu erwirken. Die reaktiven Kräfte werden als „Schub" messbar.

Aus dieser Perspektive ist der Unterschied zwischen einer Wind-Kraftanlage (Repeller) und einer Wind- Arbeitsmaschine (ein Fön), leicht zu verstehen. Tatsächlich zeigen Messungen in der Ebene eines Windrad-Repellers, dass hier die Strömung verzögert und (Strömungs-) Impuls übertragen wird: aus dem Feld heraus und in die Maschine hinein[8]. Der Kraftprozess an einem Windrad kann an einem Windkanal hervorragend erklärt werden; aus gutem Grund: die Energieentkopplung erfolgt am und wegen des bewegten Mediums. Den modernen Designer, die moderne Ingenieurin interessiert in erster Linie, wieviel Leistung wir dem Wind entnehmen können, um sie in elektrischen Maschinen, zu nutzen. Die theoretischen Grundlagen der Windkraftanlagen sind an anderer Stelle hervorragend beschrieben, Stand der Wissenschaft und Lehrmeinung und kein Gegenstand dieser Rede.
Herausgreifen möchte ich lediglich die sehr sympathische Vorstellung, dass sich die natürliche Strömung „entspannt", wenn ihr auf technische Weise Impulswirkung entzogen wird.
Der Ort dieser Entkopplung ist die (Fläche der) Rotorebene A $[L^2]$; die Anströmgeschwindigkeit sei v_∞ $[LT^{-1}]$.

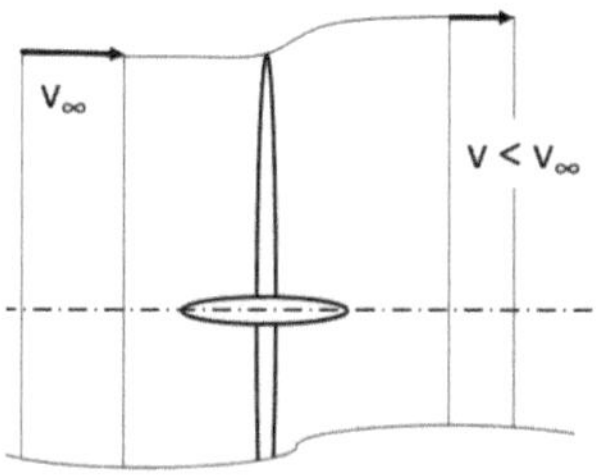

Abb.1: Die Windkraftmaschine entzieht der Strömung Energie: $E = \frac{1}{2}\, m\, (v^2 - v_\infty^2)$ $[L^2MT^{-2}]$. Die Strömung wird entschleunigt!

Repeller

In der Literatur zum Stand der Technik wird diese „Entspannung" der Strömung gerne durch Stromlinien angedeutet, die sich in der Nähe der Repellerebene „aufweiten"; man hat als Betrachter dieser Szenerie sofort das beruhigende Gefühl, einer „fluidischen Düse" bei ihrer „Entspannungsarbeit" zuschauen zu dürfen und versteht unmittelbar, worum es bei der Windenergienutzung geht: dem „Abbremsen der Luft!" durch eine technische Vorrichtung, dem Windrad - Repeller genannt – und der (dann) mathematisch-physikalischen Beschreibung dieses Verfahrens-Vorgangs mit einer Art im Strömungsraum „freifliegenden Kontinuitäts-gleichung". Der Ansatz ist Stand der Wissenschaft und Technik und stellt die rezente Lehrmeinung da, er taugt zu einer weitestgehend etablierten Theorie der Windkraftanlagen, liefert in der Praxis gute Resultate und ist wahrscheinlich sogar richtig! [9]
Betrachten wir hierzu ein horizontalachsiges Windrad. Entspannt sich die natürliche Anströmung in einem Raum um den Repeller, erleidet die Strömung eine für diesen Prozess ursächliche Impulsentkopplung. Was kompliziert klingt. Das Bild wird klarer in dem Moment, wenn wir den (Impuls-) Transfer mit einem von der Masse neutralen, spezifischen Impuls $i=J/m$ betrachten. Der spezifische Impuls i $[LT^{-1}]$ korreliert mit den Geschwindigkeiten, die in der Strömung (um den Repeller-Prozess herum) herrschen, mehr noch: der spezifische Impuls ist die vektorielle Geschwindigkeit im Feld: $(u,v,w) = J/m$ $[LT^{-1}]$. In einem zylinderförmig gedachten „Korridor", welcher das Windrad enthält, wird nach Stand der Wissenschaft und der

herrschenden Lehrmeinung der Leistungsbeiwert nach Betz $c_{p,BETZ}$ ermittelt, der in der etablierten Leistungsentnahmegleichung[10] den begrenzenden Wert von $c_{p,BETZ} = 0.59$ markiert. Ebenfalls unstrittig ist bei einem horizontalachsigen Windrad die Umströmung der Randkanten der endlichen Rotationstragflügel des Repellers im Betrieb. In einem Gedankenexperiment „segelt der profilierte Rotationstragflügel" ein im Korridor dargebotenes Strömungsangebot ab! Wie jeder Tragflügel in einer Strömung, fliegt auch der Rotationstragflügel mit einer (so genannten) scheinbaren Anströmgeschwindigkeit, die sich aus geometrischen Randbedingungen (Tangentialgeschwindigkeit) und dynamischen Anfangsrandbedingungen (Komponenten der vektoriellen v_∞) herleitet. Bauartbedingt ist die (Flug-) Geschwindigkeit an der äußeren Randkante des profilierten endlichen Rotationstragflügels am größten. Hier, am Randbogen des rotierenden Tragflügels, bildet sich in einem Umströmungsprozess ein (mehr oder weniger schöner) Wirbelfaden aus. Weil die Geschwindigkeit der Strömung im Feld zwar reichlich komplex, aber hinter dem Windrad immer ungleich Null sein soll, fließt der durch den Repeller generierte Wirbelfaden „spiralig" achteraus ab. Eine n-gängige Wirbelspule (global-mode-n-VortexCoil) entsteht. Wenn man einen Windkanal betreibt, kann man gut zeigen, dass dieses spiralige Wirbelgebilde in der Rotorebene dynamisch erzeugt wird und sich mit der Strömung stromabwärts stationär vom Entstehungsort entfernt. Man meint zu erleben, wie die Tragflügelenden ein Wirbelmuster in die stationäre Strömung schneiden. Ein geräumiger Windkanal ist für die Untersuchung von innovativen Windkraftanwendungen ein eindrucksvolles Simulationsinstrument; kein Wunder, dass moderne numerische Modelle derartiges Strömungsgebaren in genau diesem stoffdurchflossenen Korridor erfolgreich simulieren und ihn inzwischen in der Lehre, der Forschung und der industriellen Entwicklung weitgehend ersetzt haben. An anderer Stelle habe ich erörtert, DASS und WIE eine sogenannte „Impulsforderung" herrscht, WENN in einem Strömungsraum zusammenhängende, kohärente Wirbelfadensysteme existieren. Erstaunlicherweise gelingt eine Argumentation um eine existierende Impulsforderung in dieser Strömungssache unmittelbar und eindeutig, wenn es sich um den komplizierten Fall einer im Feld bewegten Strömung handelt: in der klassischen Windkanalkonfiguration. Um den Begriff der „Impulsforderung" im Zusammenhang mit (Windkraftanlagen-) Repellern zu motivieren, müssen wir einen Blick auf die Theorie der „Lagrange Kohärenten Wirbelfadensysteme (Lagrange Coherent Systems, LCS) werfen. Beginnen wir aber etwas grundsätzlicher und mit dem Wirbel als Solchem.

Wirbel und Lagrange Kohärente Strukturen

Als Wirbel bezeichnet die Strömungslehre eine drehende Bewegung von Fluidelementen. Die theoretischen Grundlagen der Wirbelphysik reichen zurück in das 18te Jahrhundert. Leonhard Euler führt um 1755 die Bewegungsgleichung einer reibungslosen inkompressiblen Flüssigkeit ein und begründet damit die moderne Fluid-Dynamik. 1766 kommt Joseph-Louis Lagrange als Nachfolger von Leonhard Euler als Direktor an die Königlich-Preußische Akademie der Wissenschaften nach Berlin. Auf Lagrange geht die für Strömungsfelder so bedeutsame Potentialtheorie zurück, aus der sich um 1800 die Feldtheorien entwickeln. In dieser Reihenfolge. Zu Beginn des 19ten Jahrhunderts sind die theoretischen Fundamente einer Wirbeltheorie bereits Stand der Wissenschaft. William Thomson (Lord Kelvin) findet das Zirkulationstheorem und steht in den 50er Jahren des 19ten Jahrhunderts in Kontakt und Korrespondenz mit Hermann von Helmholtz in Berlin, der die Stabilität von Wirbeln in Raum und Zeit in reibungslosen Flüssigkeiten erkennt. Interessanterweise behandelt die Helmholtz'schen Wirbeltheorie fadenförmig zusammenhängende Strukturen. Das ist, wie wir sehen werden, ein äußerst moderner Ansatz. Die drei Wirbelsätze werden von Hermann von Helmholtz um 1859 formuliert:

> Erster Helmholtz'scher Wirbelsatz:
> In Abwesenheit von wirbelanfachenden äußeren Kräften bleiben wirbelfreie Strömungsgebiete wirbelfrei.
>
> Zweiter Helmholtz'scher Wirbelsatz:
> Fluidelemente, die auf einer Wirbellinie liegen, verbleiben auf dieser Wirbellinie. Wirbellinien sind daher materielle Linien.
>
> Dritter Helmholtz'scher Wirbelsatz:
> Die Zirkulation entlang einer Wirbelröhre ist konstant. Eine Wirbellinie kann deshalb im Fluid nicht enden. Wirbellinien sind geschlossen, buchstäblich unendlich oder laufen auf den Rand.

Der erste Wirbelsatz bedeutet, dass sowohl die Zirkulation längs der Randkurve einer Fläche, die ganz auf dem Mantel einer Wirbelröhre liegt, verschwindet als auch, dass die Zirkulation verschiedener Querschnitte einer Wirbelröhre gleich ist. Der zweite Wirbelsatz besagt, dass Wirbelröhren zugleich Stromröhren sind, Wirbel an Materie (Fluid) anhaften und drittens, Teilchen, die einmal eine Wirbellinie gebildet haben, dies auch weiterhin tun (Kohärenz). Der dritte Wirbelsatz fordert die zeitliche Konstanz der Zirkulation in einer (und um eine) Wirbelröhre. Die Helmholtz'schen Wirbelsätze sind heute die Grundlage einer Theorie kohärenter Wirbelsysteme.

Lagrange Kohärenter Systeme (LCS) sind zusammenhängende Strukturen und sie besitzen eine Pfadabhängigkeit ihrer physikalischen Wechselwirkungs-Eigenschaften; sie sind deshalb Wirbelfäden im Sinne Helmholtz's. Und sie besitzen ein inneres Milieu von erstaunlicher Stabilität. Von ihrer fluidischen Umgebung lassen sich diese helmholtz'schen Wirbelfäden – die ja selbst fluidische Systeme sind, eindeutig separieren: quasi sind sie Fluidsysteme in Fluiden (fluid within fluid).

Eine Theorie Lagrange Kohärenter Strukturen wird am Lefschetz Center for Dynamical Systems der Brown University, später an der ETH Zürich entwickelt. Das Akronym LCS (Lagrange Coherent Structures) stammt von Haller & Yuan (2000). Haller entwickelt einem Ansatz, die abstoßenden und anziehenden Fluidbewegungen in (konvexen) Scherschichten zu beschreiben. Diese extraordinären Systeme entwickeln eine komplexe körper- und richtungsbezogene Dynamik innerhalb einer Strömung. Im Zuge der Theoriebildung werden nichtlineare dynamische Methoden entwickelt, um komplexe Aufgaben, etwa die Analyse von Transportprozessen, zu lösen.

Lagrange Kohärenter Systeme bilden dynamische Oberflächen aus, die deutlich identifizierbare Muster bilden, die (sich) aus einem Umgebenden Fluid separieren. Die Züricher Gruppe um G. Haller entwickelte um 2010 auf die besonderen Kontureigenschaften Lagrange Kohärenter Systeme zielende Methoden für Messdaten aus der realen Welt.

Es sind in erster Linie bildverarbeitende Verfahren. So gelingt das Auffinden zusammenhängender Lagrange Kohärenter Strukturen mit so genannten „Finite-Time-Lyapunov-Exponenten (FTLE)". Der Ljapunow-Exponent beschreibt dabei die Geschwindigkeit, mit der sich zwei benachbarte Punkte im Strömungsraum voneinander entfernen oder annähern.

Lange bevor in den frühen 2000er Jahren eine Theorie Lagrange Kohärenter Strukturen etabliert wurde, war vielerorts in der Natur, der Welt der Technik und im sortenreinen Laborexperiment beobachtet worden, dass zusammenhängende Wirbelstrukturen eine enorme Gestaltstabilität besitzen. Für die es bislang keine schlüssige Erklärung gab.

Ich fasse kurz zusammen: Die Rede ist vom Repeller einer Windkraftmaschine. Der Tragflügel segelt rotierend durch ein bewegtes Feld gerade so, dass seine Tragflügelspitze die Strömung durchgleitet und für den raumfesten Betrachter (Euler) eine spiralige Wirbelspur sichtbar wird. Aus der Sicht des Tragflügels (Lagrange) entsteht das fadenförmige Wirbelfilament in der Randbogenzone des singulären Tragflügels und fließt kontinuierlich als ein zusammenhängendes Wirbelsystem stromabwärts, ab. Dieser Wirbelfaden ist kohärent und energiereich und stabil! Von einem Wirbelfaden wissen wir, dass sein inneres Milieu durch die Wirbelstärke charakterisiert ist und in einer ersten Modellvorstellung als eindimensionales Fadenfilament im Sinne der Helmholtz'schen Wirbelsätze abgebildet und als Lagrange Kohärentes System beschrieben wird (Helmholtz 1858 und Haller2000). Daraus leitet sich prinzipielles Instrumentarium für eine numerische Simulation ab. Behandeln wir kurz das energetische Wechselwirkungsgeschehen.

Traktat über die Impulsforderung des Raumes

In einem Raum, der Wirbel der Art Lagrange kohärente Systeme (LCS, Lagrange Coherent Systems) enthält, herrscht eine Impulsforderung des Raumes gegenüber allen Wirbelsystemen.
Die Impulsforderung des Raumes ist unabhängig von der Form, Intensität, Lage und der eigentümlichen Gestalt der Lagrange Kohärenten Systeme in diesem Raum. Die Impulsforderung gegenüber dem LCS-System ist darüber hinaus frei hinsichtlich (rein mathematischer) Kompensationen und Auslöschungen aufgrund von geometrischen Überlagerungen und anderen kompensatorischen Effekten im Raum. Die Impulsforderung des Raumes ist reaktiv. Die Impulsforderung ist nichtkonservativ hinsichtlich der Kompensation einer geleisteten Umorganisation fluidischer Verteilungen von Masse und Impuls in einem fluidischen Raum. Das idealisierte Konzept der Impulsforderung des Raumes sieht eine Dissipation von Impuls nicht vor.

Wie habe ich mir den Sinn dieses Traktats vorzustellen? Sinnfragen sind ja selten trivial. In der Mathematik und in der physikalischen Berechnungspraxis folgt aus: +A-B=0, wenn A=B. In einer physikalischen Wirklichkeit aber muss ich erst ein „A" und danach ein „B anfassen", bevor sie sich auf wundersame Art und mathematisch korrekt kompensieren. Im Falle des Wirbels A und des Wirbels B und Seitens des (fordernden) Raumes besteht eine Impulsforderung (dieses Raumes) gegenüber beiden Wirbeln A und B. Das klingt unnötig abstrakt; versuchen wir es so: Ein fleißiger Arbeiter hebt einen Graben aus. Er schaufelt und schaufelt Grund aus einer Furche auf eine Seite. Ein anderer fleißiger Arbeiter hebt ebenfalls einen Graben aus. Er schaufelt und schaufelt Grund aus seiner Furche auf seine andere Seite. Zufällig oder auch nicht, schaufelt der eine Arbeiter seinen Grund in die Furche des anderen Arbeiters hinein. Als Arbeitsergebnis des einen Arbeiters erhalten wir die zugeschaufelte Furche des anderen Arbeiters. Am Ende des Tages sind beide Arbeiter erschöpft. Und siehe da: Der bewegte Grund des einen Arbeiters hat gerade einmal dazu geführt, dass die Furche des anderen Arbeiters ausgefüllt ist. Das

Umsortieren von Materie ist somit ein „Nullsummenspiel“. Das Problem dabei: beide Arbeiter haben den ganzen Tag lang gearbeitet. Hätten wir in diesem Fall die Arbeit des einen Arbeiters (1) bemessen und die Arbeit des anderen Arbeiters (2) bemessen, dann kämen wir auf einen „Arbeitsaufwand von zwei Arbeitern pro Tag“. So aber registrieren wir nur den „Erfolg“ der Arbeitsmaßnahme[11]. Und der Erfolg ist Null. In einer Bilanz über die Arbeitsergebnisse im Feld werden die kompensatorischen Anteile eines Prozesses nur dann registriert, wenn sie während des Prozesses (RUNTime) als lokales absolutes Phänomen „gezählt“ werden. Die Brutto-Bilanz würde den jemals in ein Feld geleisteten Aufwand verzeichnen. Die Netto-Bilanz über geschaufelte Furchen registriert über das Feld betrachtet eine Null.
Um bei den Gräben und den Arbeitern zu bleiben, hätte der eine des anderen Graben nicht zugeschüttet, wenn sie nur genügend weit voneinander entfernt geschaufelt hätten. Oder hätte eine „Richtungsänderung“ beim Wegschaufeln vielleicht einen „gemeinsamen Haufen Grund“ generiert? Immerhin ist solch eine zu schaufelnde Furche ja ein „pfadabhängiges Ding“. Das kommt uns reiflich bekannt vor, nicht ohne Grund: Induktionswechselwirkungen Lagrange Kohärenter Wirbelfadensysteme verhalten sich ziemlich genau so!
Fortan bilanzieren wir die „jemals“ in das Feld eingebrachte Induktion (Impulsmächtigkeit) und in einem zweiten Blick messen wir die „impulswirksame“ Induktion. In der nachfolgenden Argumentation tauchen dementsprechend die Begriffe auf:

Impulsmächtigkeit (Brutto-Bilanz): die „jemals“ in das Feld eingebrachte Induktion!
Impulswirksamkeit (Netto-Bilanz): die „impulswirksame“ Induktion.

Die jemals in das Feld eingebrachte fluidische Induktion kann nur im Prozess, zur RUNTime der Simulation, also während der numerischen Iteration im Kernprozess der Gesamtfeld-Synthese, erhoben werden. Bei der Ermittlung der impulswirksamen Induktion ist das Verfahren wesentlich einfacher, denn der Nettobetrag der Impulswirksamkeit ist das Arbeitsergebnis der Berechnung aus der Iteration nach der vollständigen Superposition im RUNTime-Prozess.
Also halten wir fest: Das Konzept der Impulsforderung des Raumes gegenüber in diesem Raum existierende Lagrange Kohärente Wirbelfadenstrukturen ist ein abstraktes Konzept und es ist universell; es gilt unabhängig davon, ob es „erhoben“ wird. Wird es erhoben, ermittelt es genau die Strömungsgrößen im Strömungsraum, die diesen beschreiben. Was zu beweisen sei.

Fluid within Fluid (FwF)

Lagrange Kohärente Objekte sind Trajektorien mit separierten Oberflächen, die ihre fluidische Umgebung zu organisieren in der Lage sind. Darüber hinaus sind LCS fluidische Strukturen in Strukturen: „Fluid within Fluid“. Und sie sind hinsichtlich ihrer aus der Induktionsmächtigkeit stammenden Gestaltungsfäghigkeit selbstreferentiell: sie wirken auf sich selbst, auf ihre eigene Gestalt zurück! Eindimensionale Lagrange Kohärente Systeme (LCS) mit impliziten Eigenschaften werden als „Fluids within Fluid“ benannt immer dann, wenn sie ein inneres Milieu besitzen und deshalb ursächlich befähigt sind, zu Induktionswechselwirkungen. Helmholtz benennt solcherart Systeme „Wirbelfäden“. Unter einem Vortex-Filament (vortex Line, vortex tube,) im Helmholtz'schen Sinne ist eine eindimensionale Linie zu verstehen, entlang der sich eine unendliche Wirbelbewegung als Flüssigkeitsbewegung konzentriert, wobei die umgebende Flüssigkeit, also das Feld selbst, rotationsfrei ist. Das hier untersuchte Modell Lagrange

Kohärenter Fluids within Fluid Systeme, baut auf der Strömungsmechanik makroskopischer Wirbelstrukturen auf. Diese makroskopischen Wirbelstrukturen sind pfadabhängig und besitzen ein inneres Milieu. Dieses ihnen inhärente, innere Milieu folgt seinem Charakter nach jenen Wirbelsätzen, die Hermann von Helmholtz formuliert hat.

Es soll eine „Impulsforderung" herrschen im Feld. Impulsforderung des Feldes besteht immer dann, wenn sich in einem fluidischen Raum kohärente Wirbelfilamente (Fluid within Fluid Systeme) aufhalten.

Für theoretische Strömungsmodelle und aus der Anwendung der im Ingenieurbereich so unbeliebten Feldtheorie ist bekannt, dass im Fluid bewegte (Punkt-) Wirbel ein instationäres Strömungsfeld erzeugen, das seinerseits als Quellpunkt auf (Punkt-) Wirbel wirkt. Mit dem Gesetz von Biot und Savart, das aus der klassischen Potentialtheorie stammt, kann das unmittelbar gezeigt werden. Jeder Quellpunkt Q eines Wirbelfadens induziert in jedem Aufpunkt A im Feld eine (Partial-) Geschwindigkeit ($\underline{c}= \Gamma/2\cdot\pi\cdot\underline{r}$) an diesem Ort. Das besagt das Gesetz von Biot und Savart und gilt auch dann, wenn der Aufpunkt im Feld selbst ein Quellpunkt und Element irgendeiner anderen Wirbelstruktur ist. In einem reibungsfreien Potentialfeld setzt bei einem punktförmigen Objekt Bewegung gemäß der vektoriellen Beaufschlagung ein. Ein Wirbelfadenelement um die Quellpunkte Q induziert eine partielle Impulswirksamkeit; respektive die induzierte Geschwindigkeit $\underline{c}=\Sigma^{i,j,k}\Delta c$ in allen Punkten $P_{i,j,k}$ des Feldes. Alle Punkte des Feldes sind somit „Aufpunkte A" der fluidmechanischen Induktion im Raum. Der Abstand $\underline{QA}$ im Feld ist der Vektor $\underline{r} = \underline{QA}$. Im Simulationsmodell kumulieren die partiellen induzierten Geschwindigkeiten Δc an jedem Ort im Feld. Die induzierten Geschwindigkeiten Δc an jedem Ort sind gleichbedeutend mit dem spezifischen induzierten Impuls I_{SP}, ebendort. Die in das Feld induzierte Geschwindigkeit wird mit der Beziehung ermittelt:

$$\Delta c = (\Gamma/4/\pi) \cdot ((ds \times \underline{r}) / r^3)$$

Wobei ds der finite Abschnitt entlang der FwF-Struktur und $\underline{r}$ der vektorielle Abstand im (Berechnungs-) Raum ist. Die obige Form ist die Gleichung für das Gesetz von Biot und Savart[12], die das Impuls-Induktionsgeschehen im Raum beschreibt.

Modell und Simulation der Windkraftmaschine

Bisher geklärt wurde folgendes: Die erörterte Phänomenologie deutet die Helmholtz'schen Wirbelfäden als Lagrange Kohärente Systeme (LCS), welche zirkulationsbehaftet sind, in einem Strömungsfeld separiert auftauchen und mit diesem in Wechselwirkung stehen. Sie sind von ihrem Wesen her Wirbelfäden im Sinne der Helmholtzschen Wirbeltheorie und gleichsam Fluidische Trajektorien, wie Haller sie beschreibt. Das soll zur Folge haben, dass ohne eine wirbelanfachende äußere Kraft ein wirbelfreies Strömungsgebiet weiterhin wirbelfrei bleibt, Fluidelemente, die auf einer LCS-Wirbellinie liegen, auf dieser Wirbellinie verbleiben und dass die Zirkulation entlang eines LCS konstant bleibt. Lagrange Kohärente Systeme enden nicht irgendwo im Fluid; sie sind geschlossen, buchstäblich unendlich; Der potentialtheoretische Ansatz für die Induktionswirkung ist eingehend beschrieben (Felgenhauer 2020) und dem Betrachter (Euler) wird die Induktionswirksamkeit Lagrange Kohärenter Objekte in erster Näherung als (indizierte) Geschwindigkeit c [LT^{-1}] gewahr.

Der spezifische Impuls ist die Änderung des Impulses pro bewegter Masse. Die Einheit des spezifischen Impulses ist daher Meter pro Sekunde [LT^{-1}], dieselbe wie die der induzierten Geschwindigkeit. Gegenstand der Untersuchung ist die Induktionswirkung im Feld, respektive der Impuls p an einem Volumenelement dV im Feld mit der Dimension p [MLT^{-1}]. In der Berechnungspraxis hat der Impuls die Einheit p [N s] bzw. p [kg m s^{-1}]. Der Impuls stammt aus dem Induktionsgebaren im Feld. Wenn der induzierbare Impuls unabhängig von der Masse eines Volumenelements ρ dV im Feld bilanziert wird, ist die induzierte Geschwindigkeit c (u,v,w) dort ein Maß für die Induktionswirksamkeit.
Beim Betrieb eines Windrades in einem bewegten Fluid erfährt dieses fluide Kontinuum eine ganze Reihe komplizierter Deformationen. Die demolierte Strömung bildet den fluidischen Nachlauf Kraftmaschine. Die Deformationen am Fluid stammen aus der Wechselwirklichkeit des rotierenden Tragflügels mit der Strömung. Für das einzeln betrachtete Repellerblatt imaginieren wir Tragflügelprofile, eine Ober- und eine Unterseite und am Flügel-Tip einen Randbogenbereich. Aus der Sicht des Fluides und der Anfangsrandbedingung des beströmten Feldes ist der Flügel eine „Störkontur!" Hinter (bzw. Lagrange, unterhalb) dieser Störkontur beantwortet das Fluid den für eine komplizierte Verformung des Kontinuums verantwortlichen Impulsentzug mit einer Abwärtsbewegung. Diese (Fort-) Bewegung des Fluids ist lokal, was bedeutet, dass die Verformungsbewegung des Fluids nur stattfindet in unmittelbarer Umgebung der Störkontur. Am bewegten (hier dem rotierenden Repeller-) Flügel und für die Beobachtung des Phänomens „Fortbewegung des Fluid nach Impulsentkopplung" (oder Impulseintrag an einem Arbeitstragflügel, Propeller) hat sich der Begriff „Downwash" etabliert. Der Begriff Downwash[13], stammt aus der Zeit, als man begann, das Strömungsfeld um Helikopterpropeller zu untersuchen. Wie die Phrase „Wash" suggeriert, fügt auch hier eine bewegte Störkontur dem Kontinuum Deformationen zu. Diese führen dazu, dass dem Impuls-transfer im Feld eine massive Umverteilung von Materie folgt. Hier, beim Helikopterpropeller, ist die Situation intuitiv und gut zu verstehen. Ein wenig Kopfzerbrechen bereitet gelegentlich der Umstand, dass unter dem Rotor die Strömung „rotorfrei" ist! Rein physikalisch betrachtet. Am Tragflügel eines Windrades herrschen entlang des Radius verteilt unterschiedliche Strömungsverhältnisse trotz gleicher vektorieller Anströmgeschwindigkeit v_∞ (U,V,W) im Feld. Jeder Profilquerschnitt mit einem für ihn zuständigen Anstellwinkel entlang des Radius erfährt seine eigene, die „scheinbare", lokale Anströmgeschwindigkeit v_S, die nach Kutta mit einer lokalen Zirkulation um das Tragflügelprofil korreliert.

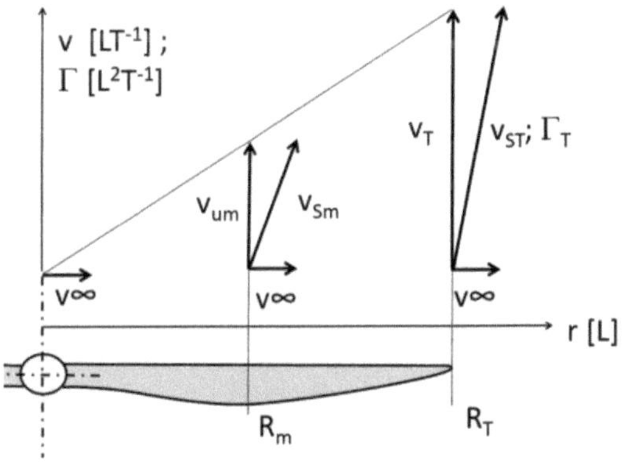

Abb. 2: Geschwindigkeitsgrößen am Repeller. Vektorielle Anströmgeschwindigkeit v_∞ (U,V,W) im Feld; Umfangsgeschwindigkeit v_{um} (Repeller mittig), v_T (Repeller-Tip); scheinbare, lokale Anströmgeschwindigkeit v_S (mittig, Tip); Zirkulation Γ_T am Tragflügelende.

Nach Prandtl und gemäß des Kutta-Joukowski Theorems[14,15] folgt für die spezifische Auftriebskraft L/b an einen Tragflügel: $L/b=\rho \cdot v \cdot \Gamma$. Gleichsam berechnen wir den dynamischen Auftrieb L [N] als den senkrecht zur Anströmung wirkende Anteil, der aus dem Auftriebsgeschehen wirkenden Luftkraft und den Widerstand W[N], entlang der Wirklinie: $L=(\rho/2)\cdot A \cdot C_L \cdot v^2$ und $W=(\rho/2)\cdot A \cdot C_W \cdot v^2$. Die Koeffizienten C_L und C_W (Auftriebsbeiwert und Widerstandsbeiwert) sind von der Gestalt des Profils und den Widerstandseigenschaften (Form und Oberflächenreibung) in der Strömung abhängig. In der Regel werden die Koeffizienten als Funktion des Anstellwinkels des Tragflügelprofils angegeben tabelliert.

Der Kern der Modellierung, der Simulation und die Argumentation der Berechnungsergebnisse verfolgt nicht die komplexe Bewegung des Fluid nach Impulsentkopplung in der Repellerebene, sondern das Strömungsfeld, wie es sich alleine aus der Induktionswechselwirkung durch eine von einer Störkontur generierte Wirbelspur herleitet.

Im Falle einer horizontalachsigen Windkraftmaschine mit zwei Repellerblättern ist die im Nachlauf der Impulsentnahme abfließende Wirbelspur eine zweigängige Spirale! Das Windradmodell betrifft einen idealisierten Repeller mit dem Radius r [m]. Der Strömungsraum $R3_{i,j,k}$ besitzt eine Metrik (Dimension L) aus (Modell-) Längeneinheiten LE und ist beschrieben mit i [LE] in X-Richtung, j [LE] in Y-Richtung, k [LE] in Z-Richtung; es herrscht Transienz (Dimension T) aus (Modell-) Zeiteinheiten TE. Im Strömungsraum soll der Längenmaßstab μ gelten und die Zeitdiskretisierung τ. Um den Maßstab eines Modells zu berechnen, teilt man die Größe des Originals durch die Größe des Modells.

Phys. Größe	Zusammenhang	Einheit	Dimension
Geschwindigkeiten (am rot. Tragflügel)[16,17]			
Frequenz	n	$[s^{-1}]$	T^{-1}
$v_{induziert}$	$c = \Gamma/2\pi\, r$,	$[m^2\, s^{-1}\, m^{-1}]$ $[m\, s^{-1}]$	$L\, T^{-1}$
$v_{WingTip}$	$v_T = n\, 2\, \pi\, r$,	$[s^{-1}\, m]$	$L\, T^{-1}$
v_{Schein}	$v_{ST} = (\, v_T^2 + v_\infty^2)^{1/2}$	$[m\, s^{-1}]$	$L\, T^{-1}$
Zirkulation (Tip_{RED})	$\Gamma = ½\; t\, C_L\, v$	$[\,m\, m\, s^{-1}]$, $[m^2\, s^{-1}]$,	L^2T^{-1}
Wirbelstärke(Tip_{RED})	$\omega = \Gamma/t^2$	$[s^{-1}]$	T^{-1}
Schnelllaufzahl[18]	$\lambda = 2\pi\, n\, r/v_\infty = v_T/v_\infty$	$[m\, s^{-1}]$	$L\, T^{-1}$
Reduzierte Kräfte (am rot. Tragflügel)			
$Lift_{RED}$ (A=R t= bt)	$L = \rho/2\, A\, C_L\, v^2$	$[(kg/m^3)\, m^2\, m^2/s^2]$, $[kg\, m/s^2]$,[N],	MLT^{-2}
$Lift_{RED}$	$L = \rho\;\; b\;\; \Gamma$	$[(kg/m^3)\, m^2/s^2]$, $[kg\, m\, s^{-2}]$, [N],	MLT^{-2}
$Widerstand_{RED}$ (A=bt)	$R = \rho/2\, A\, C_w\, v^2$	$[(kg/m^3)\, m^2\, m^2/s^2]$, $[kg\, m/s^2]$,[N],	MLT^{-2}
Impuls, Energie und Leistung (rot. Tragflügel, Korridor R)[19]			
Impuls	$I = m\, v = \rho\, \pi\, L_{3\text{-}1}\, R^2\, (v_1 - v_3)$	$[kg\, m\, s^{-1}]$ [N s]	M · L · T-1
$Energie_{KIN}$	$E = ½\, \rho\, \pi\, L_{3\text{-}1}\, R^2\, (v_1^2 - v_3^2)$	$[(kg/m^3)\, m\, m^2\, m^2/s^2\,]$,[Nm; J],	$ML^2\, T^{-2}$
$Leistung_{REAL}$[20]	$P = ½\, \rho\, \pi\, R^2\, v_1^3\, cp_{REAL}$	$[(kg/m^3)\, m^2\, m^3/s^3]$,$[Nms^{-1}; W]$	ML^2T^{-3}

Längen und Zeitdiskretisierung eines dreidimensionalen Modells: Länge, Breite und Höhe ändern sich mit dem Modellmaßstab. Die Oberfläche ändert sich mit dem Maßstab μ^2, der Rauminhalt mit dem Maßstab μ^3.

Modellmaßstab

Längen- Diskretisierung	μ [L]	= 2.5 [LE · m^{-1}]
Zeit- Diskretisierung	τ [T]	= 1.0 [ZE · s^{-1}]

Beispiel:	Dim	WindKA		Zusammenhang		num. Modell		Einheit
Durchmesser	L	2R:	8	m	$r = \mu \cdot R$	r:	10	LE
Nabenhöhe	L	H:1	12	m	$h = \mu \cdot H$	h:	30	LE
Profiltiefe	L	t:	0.1	m	$t_M = \mu \cdot t$	t_M:	0.25	LE
Nenndrehzahl[21]	T^{-1}	n:	120	min^{-1}	$f = \tau \cdot n$	f:	2	ZE^{-1}
Anström-Geschw.	LT^{-1}	$V\infty$:	5	ms^{-1}	$v_M = \mu \cdot V\infty$	v_M:	12.5	LE ZE^{-1}
WingTip-Geschw.	LT^{-1}	u:	50.24	ms^{-1}	$v_T = n \cdot 2 \cdot \pi \cdot r$,	v_T:	125.6	LE ZE^{-1}
Zirkulation[22]	L^2T^{-1}	Γ:	2.51	m^2s^{-1}	$\Gamma = ½\ t\, C_L\, v$	Γ_M:	15.7	LE^2 ZE^{-1}

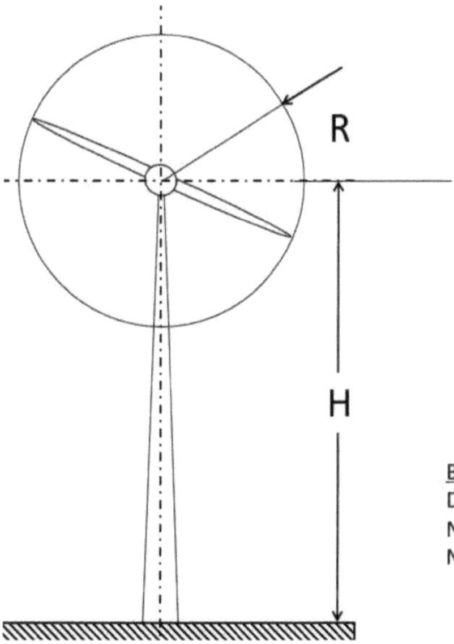

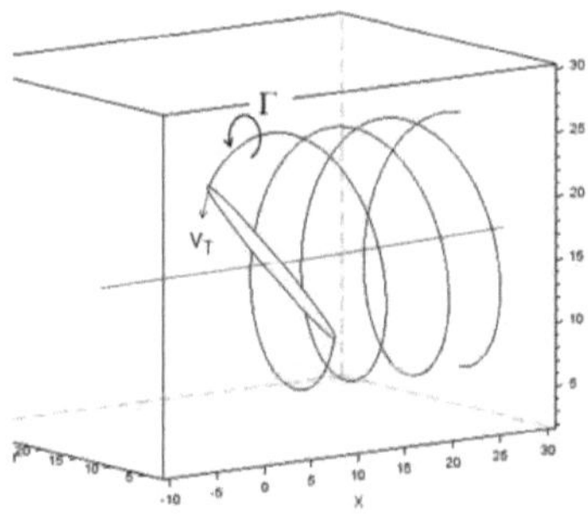

Beispiel:	WindKA	num. Modell
Durchmesser	2R = 8 m	r = 10 LE
Nabenhöhe	H = 12 m	h = 30 LE
Nenndrehzahl	n = 120 1/min	f = 2 ZE^{-1}

Abb.3: Anmutung eines Windrades (Skizze links). Abbildung der abfließenden Wirbelspur in einem „Korridor-Modell mit bewegtem Fluid" (berechnet). Windkraftanlage und Modellparameter zur Simulation.

Simulationsergebnisse

Die Koordinaten und die Strömungsgrößen des Models und der Strömungssimulation werden generalisiert; Berechnungsgrößen des Modells besitzen einen qualitativen Charakter. Der Algorithmus des numerischen Modells löst sukzessive die Form zur Berechnung des Induktionsgeschehens nach dem Gesetzt von Biot und Savart, ausgehend von einem algorithmischen Kern, dessen Zentrum Polygon-Modelle sind (Lagrange) über die Achsen des fluidischen Analyseraums (Euler). Insofern ist das vereinbarte Fluid within Fluid- Modell (mit der Dimension bdim der Polygone) der wirksame „Trigger“ der gesamten fluidischen Simulation. Hier entscheidet sich auch die Zeit die es braucht, ein fluidisches Geschehen in einem (i,j,k)-dimensionalen Raum zu iterieren. Falls nicht anders angegeben, ist das Format in diesem Aufsatz: i=j=k=30 und jeweils bdim =300 Polygonpunkte, also $2.4 \cdot 10^9$ Kernoperationen (xflop Biot-Savart-Law) in unserem Fall[23] s=3452 CPU-Sekunden für jede Bilanz im fluidischen Raum.

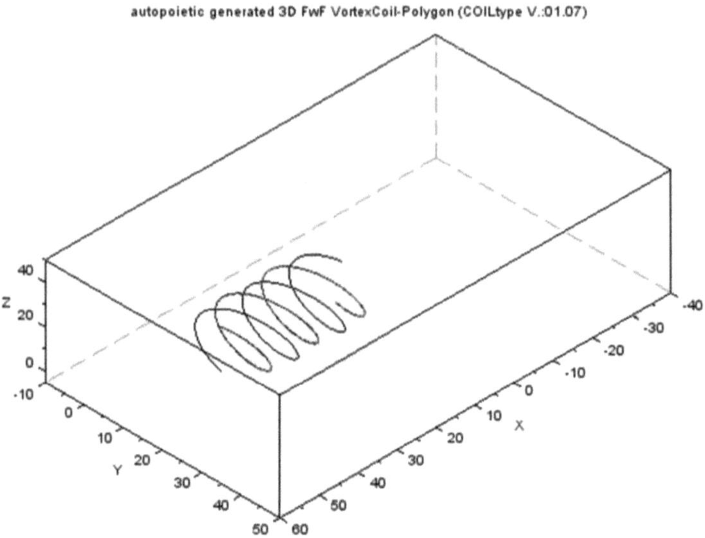

Abb.4: Berechnete Wirbelspur in einem Korridor-Modell (R:30X30X30; Rotorebene: x=10) für bewegte Medien.

Aus der Rotorebene (x=10 in Abb.4) fließt das zweigängige Wirbelsystem spiralenförmig im Korridor stromabwärts ab. In dieser Simulation ist das spiralige Wirbelspulenmodell deterministisch. Das bedeutet: Der Pfad der Wirbelspur entstamm NUR der Geometrie des Erzeugendensystems. Das den Wirbel erzeugende System ist in diesem Fall das Windradmodell, beziehungsweise der Tragflügel-Tip der simulierten Windkraftanlage. Die Einschränkung, dass sich die Wirbelfäden NICHT gegenseitig beeinflussen mögen, ist von Belang. Sie ist von Belang, weil jeweilige Wirbelfadenelemente der Wirbelspur keinerlei Einfluss nehmen auf andere Wirbelfadenelemente einer benachbarten Spur oder auf Wirbelfadenelemente der selben Spur (Autopoiesie). Wir werden später sehen, dass genau diese Vereinfachungen im Modell die

wichtigen Aussagen einer phänotypischen Repellertheorie auf der Basis von spiraligen Wirbelspulenmodellen in Frage stellen können.
Legen wir vielleicht zu Beginn der Analyse fest, dass die Beschreibung einer Wirbelspur aus der Rotationsbewegung zweier Repellerflügel gelingt, aber keine Aussagen leistet über das Wechselwirkungsgeschehen der Wirbelstrukturen untereinander. Abb.3 imaginiert eine Windkraftanlage mit einem zweiarmigen Repeller[24]. Das Bild Abb.3 rechts zeigt die Modellierung der Wirbelspur in einem Korridor, in dem die Strömung (v_∞,0,0) herrscht. Die Wirbelspur wird durch zwei Polygone modelliert, die im dargestellten Fall 300 Stützstellen besitzen und weit über den Analyseraum hinausgehen, was konzeptionell „unwirtschaftlich" ist. Für die numerische Simulation sorgt das (overdone-) Konzept aber dafür, dass im Analyseraum kein „Anlaufgeschehen" für das rechte Schnittufer vereinbart werden muss.
Wir sehen: eine durch das Windrad induzierte Strömung mit den Anfangsrandbedingung v_∞ (x=0) in der Darstellung, Abb.6. Das Fluid tritt am linken Strömungsrand ein (linkes Schnittufer des Analyseraums), die Betrachtung endet nach 30 System-Längeneinheiten (rechtes Schnittufer, rechts im Bild). Das Windrad ist auf der Höhe x=10LE positioniert. In der Darstellung (Abb.4) ist zu sehen, wie die Wirbelspur achterlich der Rotorebene (x=10) stromabwärts „ausweht". Die Simulation berücksichtigt keine Interaktion der beiden Wirbelfäden, die aus der Rotationsbewegung des Repellers stammen.
Es ist in der Darstellung Abb.6 schön zu sehen, wie die fluidmechanische Induktion das vektorielle Feld formt. Der Repeller schneidet ein Wirbelspulensystem in die abfließende Strömung und genau so, wie es unsere erlernte Intension (Abb.1) voraussagt und Messungen am Windkanal es bestätigen, sehen wir am Wirbelspulenmodell, wie sich am äußeren Rand der zirkulierenden Wirbelspur die Strömung (positiv) beschleunigt wird, um gleichzeitig im Zentrum der Wirbelspule „abgebremst (also negativ beschleunigt)" zu werden. Ich habe eingangs diesen Entspannungsvorgang durch Stromlinien, die sich in der Nähe der Repellerebene aufweiten, angedeutet, durchaus mit der Absicht, die herrschende Lehrmeinung wiederzugeben. Das Vektorenbild (Abb.6) und damit das Wirbelspulenmodell bestätigt die Lehrmeinung.
Wir werden weiter unten (in Abb.14) genau dieser Schnittebene aus dem Vektorenbild (Abb.6) in einer Höhenlinien-Darstellung begegnen und sehen, dass es durchaus „entartete Orte" im Strömungsraum existieren. Diese Dirac-Bereiche entstammen formal einer numerischen Singularität, die sich im Modell wegfiltern ließe, wenn es denn besonders auf ästhetische Parameter ankäme. So aber sehen wir (in einer Art Warnfunktion), dass der Wirbelfaden in jedem Aufpunkt A im Feld eine (Partial-) Geschwindigkeit ($\underline{c}= \Gamma/2\cdot\pi\cdot\underline{r}$) induziert und dass, sobald der vektorielle Abstand **$\underline{AQ}$=r** zwischen Quellpunkt Q und Aufpunkt A (sehr) klein wird, das Gesetz von Biot und Savart einfach nur lokal (sehr) große Werte für den induzierten spezifischen Impuls hervorbringt.

Das Vektorbild (Abb.6) mit der durch das Windrad induzierte Strömung mit den Anfangsrandbedingung v_∞ (x=0) und der Rotorebene (x=10) ist sehr teuer. Die Darstellung ist teuer, weil der Schnitt durch den Korridor (EbeneXY; Z=15) nur einer von 30 Schnitten, die die Analyse berechnet, darstellt. In der Analysepraxis wird nicht nur gerne darauf verzichtet, den gesamten Rum zu rechnen, sondern auch Symmetrieeigenschaften des Modells ausgenutzt. Die vermeintlichen Symmetrieeigenschaften! Und so sehe ich es durchaus als einen Vorteil gegenüber kommerziellen Anwendungen an, dass erstens ein selbstgeschriebener Code einen vollständigen Einblick gewährt in die Numerik, das eingesetzte Modell und alle vereinbarten Simulationsparameter, geometrische und dynamische Anfangs- und Randbedingungen zweitens keine Eile geboten ist[25]. Tatsächlich lässt sich, sobald das Wirbelspuren-Polygon topologisch bekannt ist, für eine einzelne Ebene oder sogar auch nur für einen einzelnen Punkt das Induktionsgeschehen ermitteln. Solche Methoden kommen zum Einsatz immer dann, wenn man sich Echtzeit-Simulationen nähert, beispielsweise beim Rechnen in einer CAVE, oder komplexe Wechselwirkungen zwischen den deklarierten Wirbelsystemen ermittelt, oder dynamische Erzeugendensysteme simuliert. Was in der dargelegten Untersuchung nicht von Belang ist.

Betrachten wir noch einmal die durch das Windrad induzierte Strömung mit der Anfangs-randbedingung $v\infty$ (x=0) und der Rotorebene (x=10) im Vektorbild (Abb.6). Wir sehen: Der Repeller „verzögert" die Anlaufströmung (blauer Bereich). Um die Wirbelspule herum wird die Strömung beschleunigt (rote Bereiche). Die Simulation bestätigt damit die herrschende Lehrmeinung (Abb.1). Die wesentlichen Einträge zur Geschwindigkeitsinduktion der Lateral-komponente U achternaus der dreidimensionalen Rotor- Störkontur in der Schnittebene (X,Y,15) erkennbar. Tatsächlich sind die Impuls-Beiträge der Anströmung entgegengerichtet, die Strömung wird negativ beschleunigt (also abgebremst).

Das Beschleunigungsgeschehen bildet sich um eine zentralisierte Seele aus. Die Impulsbilanz für den Analysekorridor in der eine Kraftmaschine der Strömung Energie entkoppelt, ist in der Graphik (Abb.7) visualisiert. Die numerische Analyse schreibt darüber hinaus einen alpha-numerischen Report während der Simulation (Tabelle2). Die Graphik (Abb.7) ist in fünf Histogramm-Bereiche unterteilt, die jeweils die axiale Komponente U (blau) und die beiden Radialkomponenten V und W (grün und rot) ausweisen. Quantitativ handelt es sich um die Kumulation der Analysegröße über den Analyseraum. Die Strömung der Luft ist als idealisiertes Fluid anzusehen; sie enthält Energie, aber der Impulsgehalt der Strömung ist (eigentlich) gering: Impulsbilanz (Bild1 in Abb7.) der den Entkopplungsprozess anfachenden Strömung im Bilanz-raum. Betz postuliert eine Kennzahl, die das Maß kennzeichnet, unter dem die Energieentkop-plung zu bleiben hat, wenn der Prozess optimal, ja zumindest überhaupt stattfinden darf. In unserem rein theoretischen Modell einer Windkraftanlage in der Strömung finden wir auch nur einen vergleichsweise geringen Teil an (als Impuls-Brutto) existierender Impulswechselwirkung umgesetzt; das sehen wir in der Graphik (Bild2 in Abb7.) Die Kraftmaschine „fasst" bauart- und verfahrensbedingt Impulswechselwirkung an und zwar nicht nur in axialer (Wirk-) Richtung (blau) sondern es existieren zu diesem Zeitpunkt der numerischen Untersuchung nicht uner-hebliche Radialanteile V und W (grün und rot in Bild2 in Abb7). Ziemlich optimal mutet das Histogramm (Bild3 in Abb7.) an. Der Impuls, der aus dem fluidmechanischen Prozess stammt, wird zwar nicht annähernd effizient verarbeitet (Axialanteil blau in Bild3 in Abb7), aber die (bösen) Radialanteile V und W (grün und rot in Bild3 in Abb7) erscheinen als fast vollständig verschwunden. Dass wir (in Wirklichkeit) einer Täuschung unterliegen, sehen wir in der Graphik (Bild4 und Bild5 in Abb7.); hier sind einfach stur die Impulsinhalte mit positiven (+) Vorzeichen (Bild 4) und mit negativen (-) Vorzeichen (Bild5) in das Histogramm geschrieben. Der Prozess hat nicht nur unter einem, wie Betz es nennt, Wirkungsgrad der Energieumwandlung im Strömungsprozess zu leiden (Bild1 zu Bild2 in Abb7), sondern auch an Kompensationen (Bild3 zu Bild4 bzw. Bild5 in Abb7). Und das ist eine sehr interessante Erkenntnis! Denn während wir am Betz'schen Wirkungsgrad nicht besonders viel drehen können, besitzt das Windrad als Gestaltungskonzept an dieser Stelle noch ein klein wenig Spielraum nach oben. Wie immer in der Welt profitiert ein Prozess von der Güte seiner Ausführung. Nun gut. Das wussten wir bereits vor dieser Untersuchung.

```
######################################################################
###   Analyse des Strömungsfeldes unter Induktionswirkung          ###
###                                                                ###
###   Integral- Bilanz- und Mittelwerte                            ###
###   KampagneTyp: CORRIDOR 001022                                 ###
###                                                                ###
######################################################################
### bionic research unit berlin                                    ###
# Speicherort C:\Users\Micha\Desktop\LCO_Data\anyAnalyseField0.txt
######################################################################
#####  Modell-Raum und Analyse-Raum                        ##########
fluidroom dimension            X:  30
fluidroom dimension            Y:  30
fluidroom dimension            Z:  30
analyse room dim.             aX:  30
analyse room dim.             aY:  30
analyse room dim.             aZ:  30
########## in Dimensionen M L T   ##################################
#####  dynamische Randbedingungen                           #########
dyn. RB: Vue-x:              [L/T]  2.5
dyn. RB: Vue-y:              [L/T]  0
dyn. RB: Vue-z:              [L/T]  0
dyn. RB: Zirkulation G:     [L2/T]  0
######################################################################
######################################################################
##### V-Komponenten im Feld                               ###########
##### energetische Bilanz im Feld ohne Induktionswirkung ###########
######################################################################
  cumU(xyz)                  [L/T]  67500
  cumV(xyz)                  [L/T]  0
  cumW(xyz)                  [L/T]  0
  cumR(xyz)                  [L/T]  67500
spezifischer Impuls    10E3  [L/T] 67.5
spezifische Energie    10E6[L2T-2] 4556.25
spezifische Leistung   10E9[L2T-3] 307546.88
######################################################################
## InduktionsWirkung im Feld                                #########
## V-Komponenten im Feld (BRUTTO)                           #########
## jemals eingekoppelte Induktionswirkung (kumuliert)       #########
######################################################################
  cum U(xyz)                  [L/T]  25453.777
  cum V(xyz)                  [L/T]  18524.366
  cum W(xyz)                  [L/T]  18556.43
  cum R(xyz)                  [L/T]  36542.961
spezifischer Impuls    10E3  [L/T]  36.542961
spezifische Energie    10E6[L2T-2]  1335.388
spezifische Leistung   10E9[L2T-3]  48799.03
######################################################################
## InduktionsWirkung im Feld                                  #######
## V-Komponenten im Feld (NETTO)                              #######
## scheinbar eingekoppelte Induktionswirkung (kumuliert)      #######
######################################################################
  cum U(xyz)                  [L/T]  -12339.286
  cum V(xyz)                  [L/T]  203.98041
  cum W(xyz)                  [L/T]  -6.4365752
  cum R(xyz)                  [L/T]  12340.974
spezifischer Impuls    10E3  [L/T]  12.340974
spezifische Energie    10E6[L2T-2]  152.29963
spezifische Leistung   10E9[L2T-3]  1879.5257
########### eof ######################################################
```

Die numerische Bilanz verwendet die generalisierten Modellgrößen, wie sie oben erörtert wurden. Es existieren geometrische Vereinbarungen (Modell-LE) und transiente (Modell-ZE). In der Simulationspraxis werden die generalisierten Daten der Brutto-Bilanz während der Programm-Laufzeit (runtime) ermittelt und in einem Report aufgezeichnet. Die Nettobilanz ist viel einfacher zu erheben: sie ist ein letztes Arbeitsergebnis: das berechnete Feld.

Der alphanumerischen Brutto-Netto-Bilanz wird zur Prozesslaufzeit erzeugt und ihr ist wenig hinzuzufügen, sie spricht für sich selbst; nur vielleicht ein kleiner Verweis zu einer abgeleiteten Größe, dem Wirkungsgrad. Bilden wir Quotienten des in der Maschine theoretisch umgesetzten Impulses zu Impulsangeboten der Strömung, also:

Betz: {spez.Impuls 10E3[L/T] 36.5)/spez.Impuls 10E3[L/T] 67.5}= **CP = 0.54**
Maschine:{spez.Impuls 10E3[L/T] 12.3)/spez.Impuls 10E3[L/T] 36.5}= μ_M **= 0.34**
Prozess: {spez.Impuls 10E3[L/T] 12.3)/spez.Impuls 10E3[L/T] 67.5}= μ_P **= 0.18**

Dieserart erhalten wir einen (fraglichen) theoretischen Umsetzungsgrad CP=54%, vergleichbar vielleicht etwa mit dem Betz-Faktor (C_{BETZ}=0.59), einen Maschinenumsetzungsgrad μ_M=34% der nicht stolz macht und einen fluidmechanischen Transfergrad, der die Güte des (Wirbelspulen-) Prozesses (ruinös, möchte ich sagen) benennt μ_P=18%.

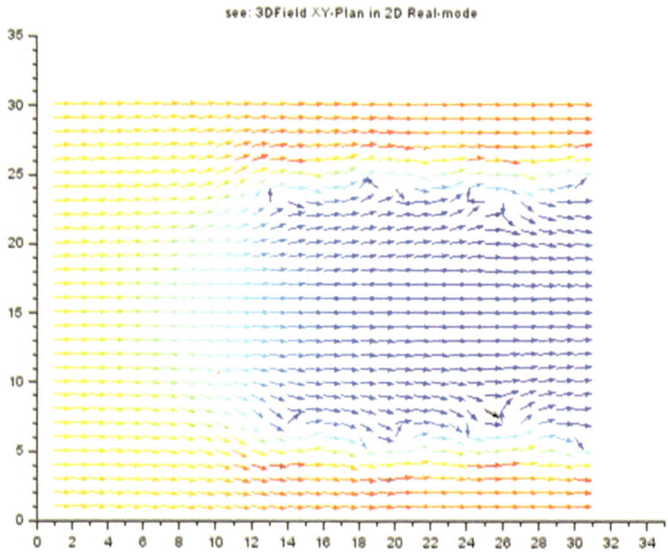

Abb.6: Eine durch das Windrad induzierte Strömung mit den Anfangsrandbedingung v_∞ (x=0) und der Rotorebene (x=10). Schnitt durch den Korridor (EbeneXY; Z=15).
Wir sehen: Der Repeller „verzögert" die Anlaufströmung (blauer Bereich). Um die Wirbelspule herum wird die Strömung beschleunigt (rote Bereiche). Die Simulation bestätigt damit die herrschende Lehrmeinung (wie Abb.1).

Wenden wir uns nun den hübschen Graphiken zu, denn viel wichtiger ist das: Ein Windrad entnimmt der Strömung Impuls. In einem idealisierten Prozess ist auch dieser Vorgang ideal! Ganz ohne einen Gedanken an Betz (wir sprachen darüber) erfolgt der Impulstransfer in der YXEbene auf eine spektakuläre Weise: aus dem NICHTS in die Maschine. Wie kann das sein? Die Lösung ist so trivial wie die herrschende Lehrmeinung darüber. Eben weil das Windrad der Strömung Impuls entzieht, kommt es zu einer Verzögerung der Strömung im Feld. Genau das sehen wir in der Graphik Abb. 6. Diese Information wäre nicht der Rede wert, wenn nicht das Simulationsergebnis der Wirbel behafteten Strömung die! Ursache wäre, für die signifikante Strömung (Abb.6) in der XYEbene.

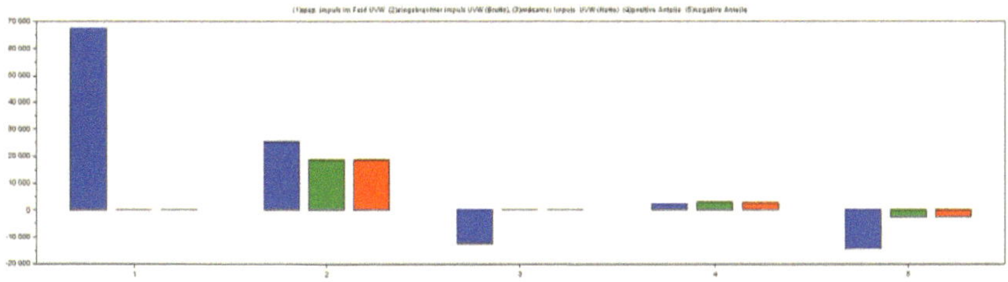

Abb.7: Impulsbilanz. Pos1: In der Strömung vorgefundener spez. Impuls. Pos2: Aus der Strömung jemals entkoppelter Impuls (Brutto). Pos3: Aus der Strömung entkoppelter wirksamer Impuls (Netto). Pos4: wirksamer Impuls (Netto) positive Anteile. Pos5: wirksamer Impuls (Netto) negative Anteile.

Denken wir uns eine Messstrecke mit etlichen numerischen Sonden entlang eines Analysepfades im Modell. Wir verfolgen das Wechselwirkungs- Geschehen der (negativen) Geschwindigkeitsinduktion in den Querschnitten der Sonden im Strömungsraum. Wir sehen den ImpulsVerzehr an einer Stelle P (Pos.: **X**,15,15) der Strömung im Strömungsraum (**R**$_{XYZ}$). Die Graphiken in den Abbildungen (Abb.8. bis Abb.13) repräsentieren die Sonden an den Positionen X:[5,10,15,20,25,30]. In den Diagrammen sehen wir die induzierten Geschwindigkeiten c in den Ebenen in ihren Komponenten c[U,V,W). U ist diue axiale Komponente, V und W sind die beiden Radialkomponenten und $R=(U^2+V^2+W^2)^{1/2}$ die Resultierende R (von links nach rechts).

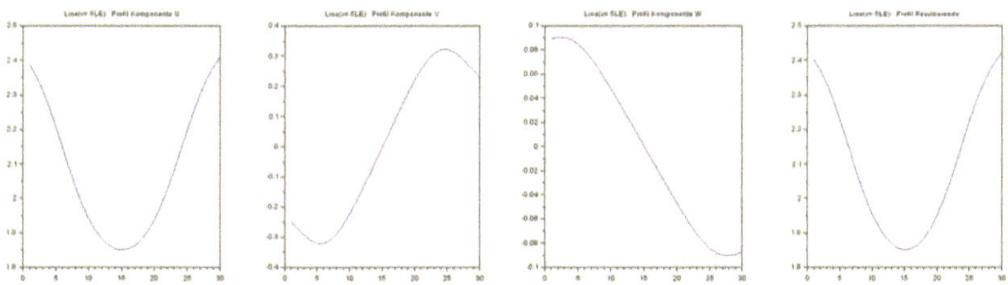

Abb.8: Induzierte Geschwindigkeiten v(u,v,w) im Strömungsraum. Schnitt an einer Stelle P (Pos.: **5**,15,15). Axiale Komponente U, Radialkomponenten V und W, Resultierende R (von links nach rechts).

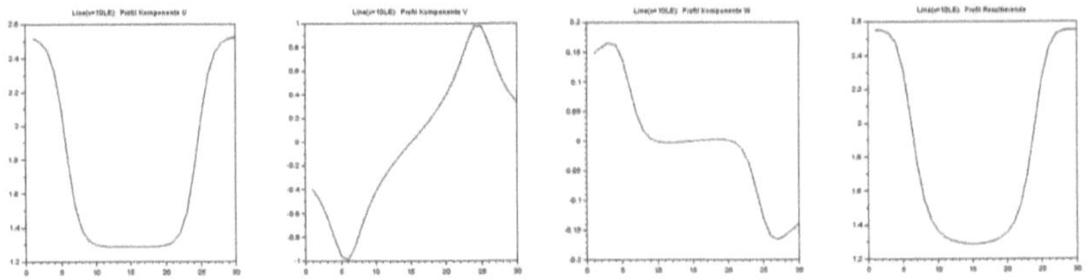

Abb.9: Induzierte Geschwindigkeiten v(u,v,w) im Strömungsraum. Schnitt an einer Stelle P (Pos.: **10**,15,15). Axiale Komponente U, Radialkomponenten V und W, Resultierende R (von links nach rechts.

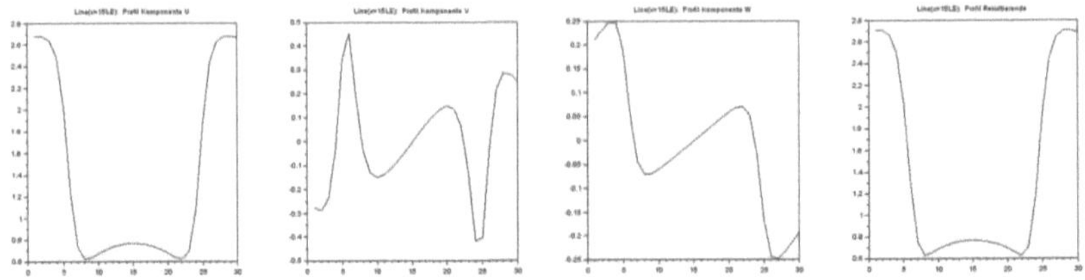

Abb.10: Induzierte Geschwindigkeiten v(u,v,w) im Strömungsraum. Schnitt an einer Stelle P (Pos.: **15**,15,15). Axiale Komponente U, Radialkomponenten V und W, Resultierende R (von links nach rechts.

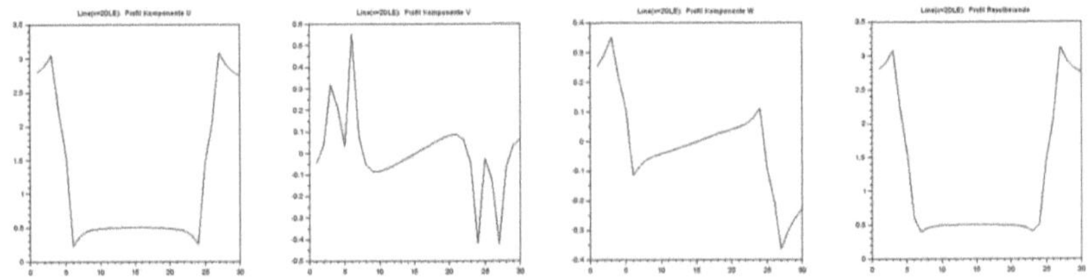

Abb.11: Induzierte Geschwindigkeiten v(u,v,w) im Strömungsraum. Schnitt an einer Stelle P (Pos.: **20**,15,15). Axiale Komponente U, Radialkomponenten V und W, Resultierende R (von links nach rechts.

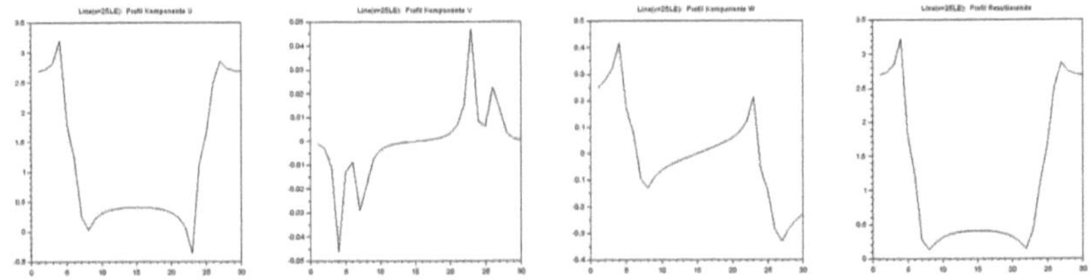

Abb.12: Induzierte Geschwindigkeiten v(u,v,w) im Strömungsraum. Schnitt an einer Stelle P (Pos.: **25**,15,15). Axiale Komponente U, Radialkomponenten V und W, Resultierende R (von links nach rechts.

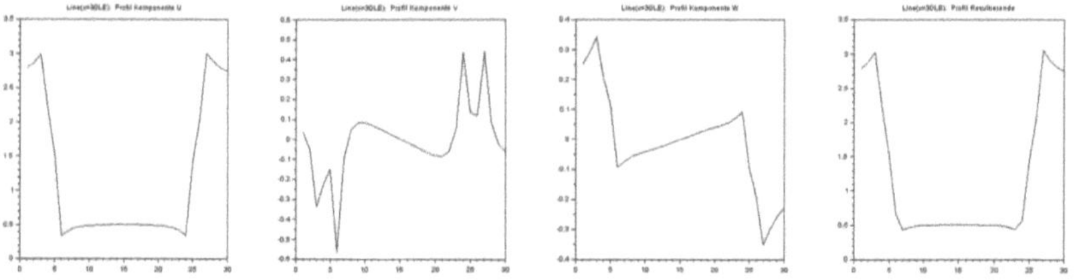

Abb.13: Induzierte Geschwindigkeiten v(u,v,w) im Strömungsraum. Schnitt an einer Stelle P (Pos.: **30**,15,15). Axiale Komponente U, Radialkomponenten V und W, Resultierende R (von links nach rechts.

Die Graphiken Abb.8. bis Abb.13. funktionieren wie ein Daumenkino der induzierten Geschwindigkeit im Raum und über die Strömung. Allen Berechnungsquerschnitten ist gemein, dass die Axialkomponente das Induktionsgeschehen dominiert und die Resultierende die axiale Strömung bestätigt. Das ist die gute Nachricht, denn die (axiale) Maschine Repeller ist genauso konstruiert und gebaut, dass der Impulsaustrag aus der Strömung in nahezu optimaler Weise gelingt. Die Radialkomponenten sind betragsmäßig klein (was in der Complierung nur mittelbar sichtbar wird, weil die Graphik die dargestellten Kurven skaliert) und leisten wenig zum Induktionstransfer der Maschine. Die schlechte Nachricht betrifft die Darstellung der numerischen Singularitäten, darüber sprachen wir bereits.

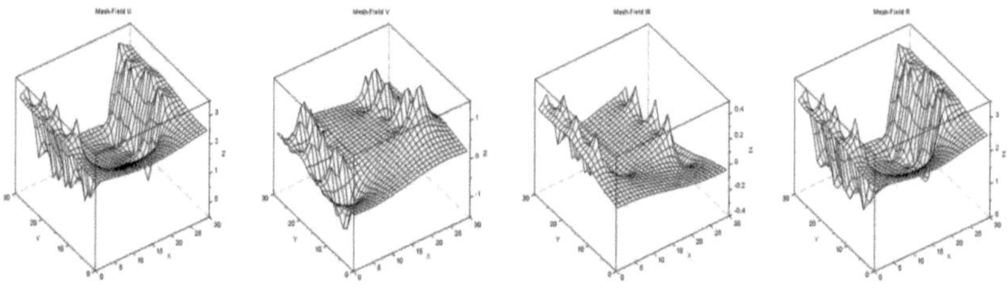

Abb.14: Eine durch das Windrad induzierte Strömung mit Anfangsrandbedingung v∞ (x=0) und Rotorebene (x=10). Induzierte Geschwindigkeit: Höhenbild und Schnitt durch den Korridor (EbeneXY; Z=15). Axiale Komponente U, Radialkomponenten V und W, Resultierende R (von links nach rechts).

Lassen wir die Darstellung des Höhenbildes der durch das Windrad induzierten Strömung mit Anfangsrandbedingung v∞ (x=0) und Rotorebene (x=10) wenig kommentiert. Abb.14 trägt die induzierte Geschwindigkeit im Analyse-Korridor in der Schnittebene (EbeneXY; Z=15) zusammen. Es ist gut zu erkennen, dass die axiale Komponente U das Induktionsgeschehen dominiert (DownWash) und die für eine energetische Bilanz der Maschine gefährlichen Radialkomponenten V und W (SideWash) moderat bleiben.
Bemühen wir ein letztes Mal die Metapher der numerischen Messsonden, so stelle ich sie mir nun in einer Art Perlenkette entlang eines Analysepfades aufgereiht vor, der von einer (jungen)

Position im (Analyse-) Raum (x=1,y=15,z=15) zu einer strömungszeitlich späten Position im Korridor (x=30,y=15,z=15) reicht. Wir sehen in den Graphiken (Abb.15.) Strömungsgrößen, die in unmittelbarem Zusammenhang stehen mit der durch das Windrad induzierte Strömung mit den Anfangsrandbedingung v∞ (x=0) und dem Repeller in der Rotorebene (x=10,Y,Z).
Zuoberst und zuerst die Ausgangsgröße, die induzierte Geschwindigkeit v(u,v,w) in Ihren Komponenten und im Strömungsraum: Axiale Komponente U, Radialkomponenten V und W, Resultierende R (Abb.15, Zeile (1) von links nach rechts). Die Anlaufströmung v∞ (u,v,w) repräsentiert die Anfangsrandbedingung des Simulationsmodells am Strömungsrand (Analyseraum x=0). Bereits vor der Rotorebene des Repellers (Ebene (10,Y,Z)) sinkt die im Feld gemessene Geschwindigkeit ab. Was nicht weniger bedeutet, als dass die Produkte der Induktionswirksamkeit der Wirbelstruktur in der der Rotorebene, räumlich vorauseilen! Die Wechselwirksamkeit der Wirbelstruktur ist im Falle eines Repellers der Impulsentzug aus der Strömung und in das fluidmechanisch wirksame (Rotations-) Tragflügelsystem. Die Strecke der numerischen Messsonden fällt mit der Seele und der Symmetrieachse der modellierten Windkraftanlage zusammen.

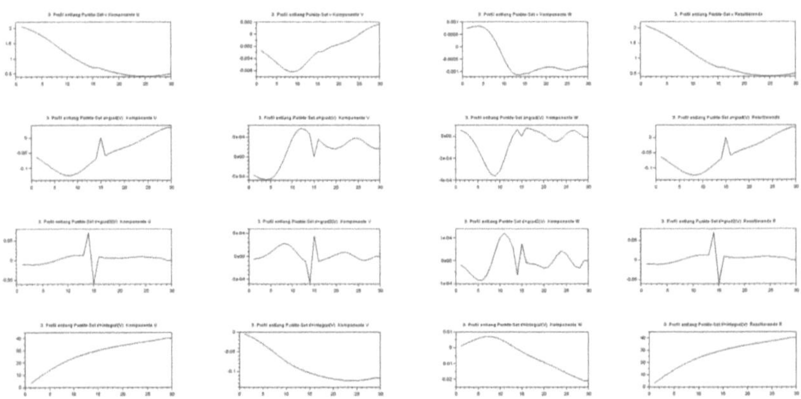

Abb.15: Strömungsgrößen entlang eines Analysepfades (x,15,15) im Strömungsraum. Die durch das Windrad induzierte Strömung mit Anfangsrandbedingung v∞ (x=0) Rotorebene; von oben:
Zeile (1): Komponenten der induzierten Geschwindigkeiten v(u,v,w) im Strömungsraum. Axiale Komponente U, Radialkomponenten V und W, Resultierende R (von links nach rechts).
Zeile (2): Gradient der induzierten Geschwindigkeit (Beschleunigung) im Strömungsraum. Axiale Komponente U, Radialkomponenten V und W, Resultierende R (von links nach rechts).
Zeile (3): Zweiter Gradient der induzierten Geschwindigkeit (Änderung der Beschleunigung) im Strömungsraum. Axiale Komponente U, Radialkomponenten V und W, Resultierende R (von links nach rechts).
Zeile (4): Integral der induzierten Geschwindigkeit im Strömungsraum. Axiale Komponente U, Radialkomponenten V und W, Resultierende R (von links nach rechts).

In der Graphik (Abb.15, Zeile (2) von links nach rechts) sind der induzierten Geschwindigkeit aus der oberen Zeile, die entsprechenden Gradienten zugeordnet im Strömungsraum: Axiale Komponente U, Radialkomponenten V und W, Resultierende R (von links nach rechts). Die induzierte Geschwindigkeit entspricht dem der Strömung entkoppelten spez. Impuls. Die

zeitliche Ableitung der induzierten Geschwindigkeit ist die herrschende Beschleunigung $\underline{v}'$ an jeder Stelle entlang der Sonden-Messstrecke (auch hier: axiale Komponente U, Radialkomponenten V und W, Resultierende R (von links nach rechts). Die Beschleunigung an jeder Stelle ist die signifikante Größe zur Berechnung der Reaktionskräfte in der Rotorebene. Die axiale Komponente U dominiert die Entschleunigung der Repellerströmung (genau wie es sein soll!). Den zweiten Gradienten (eine Größe von eher akademischen Wert[26]) des negativen spezifischen Impulses sehen wir in der Graphik (Abb.15: Zeile (3)): die Änderung der Beschleunigung an jeder Stelle im Strömungsraum: axiale Komponente U, Radialkomponenten V und W, Resultierende R (von links nach rechts). Ein wenig mehr von Belang ist das Integral der induzierten Geschwindigkeit im Strömungsraum. Axiale Komponente U, Radialkomponenten V und W, Resultierende R (Abb.15: Zeile(3) von links nach rechts). Die Strömung „sammelt" Impulswirksamkeit ein, entlang der horizontalen Achse des Windkraftkonverters. Auch hier registrieren wir (beruhigt), dass die axiale Komponente U die Akkumulation von Impulswirksamkeit in der Repellerströmung dominiert.
Wir sehen darüber hinaus, dass die von einem Repeller generierte, spiralige Wirbelstruktur das Strömungsgeschehen im Nachlauf der ersten Impulsentnahme durch den Rotor und damit stromabwärts der Windkraftanlage über eine gewisse Strecke ihre Impulswirksamkeit aufrechterhält. Die spiralige Wirbelstruktur, die aus einem zweiarmigen Repeller stammt und im Nachlauf der WKA mit der Strömung abfließt, ist eine „global-mode2-Wirbelspule" (gm2WSP). Das Abfließen der spiraligen Wirbelstruktur erfolgt idealerweise stationär, was bedeutet, dass das Wirbelspulensystem als Ganzes nicht rotiert, also anders als es beispielsweise bei Wirbelspulensystemen der Fall ist, die von einem segelnden Tragflügel in einem stehenden Fluid stammen. In der bewegten Strömung gilt dann: die global-mode2-Wirbelspule fließt als kompaktes Wirbel-Gebilde in der Strömung verharrend, ab.

Fazit

Die Kernaussage der Rede über eine der Lehmeinung fremden Repeller-Phänomenologie behandelt die Impulswirksamkeit von Wirbelstrukturen, die aus der Rotation eines, zweier oder vielleicht drei Rotationsflügeln stammen, die in einem bewegten Fluid eine Energieentkopplung betreiben.
Während jedwede Wirbelfadenstruktur im fluidischen Raum eine Impulsforderung erfährt, spielt ihre Gestalt eine entscheidende Rolle bei der Frage, wie groß der Grad des Transfers einer existierenden Impulsmächtigkeit der Wirbelstruktur (Brutto) in eine tatsächliche Impulswechselwirkung im Feld (Netto) gelingt. Die Topologie der Wirbelstruktur ist durch die rotierende Arbeitsweise der horizontalen Windkraftanlage weitestgehend festgelegt. Weitestgehend bezieht sich in unserem Fall auf den Stand der Technik, was nicht ausschließt, dass zukünftige (aber auch vergangene) Techniken und Technologien auf andere Bewegungsformen als die Rotation des Repellerflügels führen können[27;28]. Derweil die Impulsforderung des Raumes ein zwar abstraktes, gleichsam aber allgemeingültiges Prinzip darstellt!

Also halten wir fest: Das Konzept der Impulsforderung des Raumes gegenüber in diesem Raum existierende Lagrange Kohärente Wirbelfadenstrukturen ist ein abstraktes Konzept und es ist universell; es gilt unabhängig davon, ob es „erhoben" wird. Wird es erhoben, ermittelt es genau die Strömungsgrößen im Strömungsraum, die diesen beschreiben. Was zu beweisen war[29].

Michel Felgenhauer, Berlin 2024

Epilog

Wissenschaftlich gesehen, ist die hier beschriebene Untersuchung ohne besonderen Wert, mehr noch: weil die Erkenntnisse nicht nur erwartbar, sondern auch eher qualitativer Natur sind, eignen sie sich die durchaus netten Graphiken (vielleicht eben noch) als bunte Fütterung des einen oder anderen, wenn auch ungebetenen, Vortrags zum Thema „Windräder in Nordfriesland" für das Kurheim in St. Peter Ording, wenn die Wattwanderung wegen schlechten Wetters in die Turnhalle (Internat, Ortsteil Böhl) verlegt werden muss. Nein, seitens der Wissenschaft ist jedes Wort zu viel. Interessant und vielleicht eher lustig ist einzig und alleine der Umstand, dass in diesem Aufsatz das, was man schon lange weiß, über eine bislang wenig geübte Methode rezitiert bekommt. Kern dieser Methode sind Systeme vom Typ: Fluid within Fluid. Und wir stellen fest:

- Das reale Windrad „ruiniert" jedwede (reale) Anströmung!
- Der Impulsentzug in der Strömung ist kolossal.
- Der Betz'sche Ansatz kann in der Realität „gerissen" werden.
- „Strömungswunder" aufzufinden könnte eine Innovation in der Windkrafttechnik bewirken.

Strömungswunder: Die belebte Natur ist reich an „Strömungswundern". Leider bewegen wir uns seitens der Forschung in einer Zeit des Big Data. Zitat (FH für Technik, Berlin): wir forschen nicht (mehr). Wir machen (jetzt) Big Data. Wer bitte verantwortet diesen Blödsinn? Meinen herzlichen Glückwunsch diesbezüglich an das Präsidium der Berliner FH 2023.
Strömungswunder: Die rezente Forschung bemüht den Elfenbeinturm in dieser Frage.

Michel Felgenhauer ist das Pseudonym des Maschinenbauers Michael Dienst aus Wiesbaden. Ich lebe und arbeite in Berlin.
Martha Felgenhauer stirbt 1943 als junge Frau in Ziegenhals, Schlesien. Die sie kannten sagen, wir seien wesensverwandt. Gelegentlich also erzähle ich meiner Großmutter Geschichten aus der fröhlichen Wissenschaft. Winter 2024.

Michel Felgenhauer, Berlin

Standard-Literatur zum Stand der Technik und der Lehrmeinung über Windkrafttechnik.

[Twe 13] Twele, J. Gasch, R. (2013): Windkraftanlagen. Grundlagen, Entwurf, Planung und Betrieb. Springer, Wiesbaden 2013

[Hau 14] Hau, E. (2014): *Windkraftanlagen – Grundlagen, Technik, Einsatz, Wirtschaftlichkeit*. 5. Auflage. Springer, 2014

[Kal 13] Kaltschmitt,M. , Streicher, W. , Wiese, A. (2013): Erneuerbare Energien. Systemtechnik, Wirtschaftlichkeit, Umweltaspekte. Berlin/Heidelberg 2013, S. 478.

[Kus 22] Kusiek, A. (2022): Windenergieanlagen. Technologie - Funktionsweise – Entwicklung. Hanser Verlag

[Schu 98] Schulz, H. (1998) Kleine Windkraftanlagen. Technik. Erfahrungen. Meßergebnisse. Ökobuch-Verlag

[Mol 90] Molly, J. P. (1978) Windenergie in Theorie und Praxis. Grundlagen und Einsatz. Verlag C. F. Müller.

Bibliographie, Quellen und weiterführende Literatur

[Abbo-59] Ira H. Abbott, Albert E. von Doenhoff: Theory of Wing Sections: Including a Summary of Airfoil Data. Dover Publications, New York 1959.

[Bann-02] Bannasch, Rudolph. Vorbild Natur. In: design report 9/02, S.20ff. Blue. C Verlag Stuttgart: 2002.

[Bapp-99] Bappert, R. Bionik, Zukunftstechnik lernt von der Natur. SiemensForum München/Berlin und Landesmuseum für Technik und Arbeit in Mannheim (Herausgeber): 1999

[Die15-7] Dienst, Mi. (2015) Dossier über die Forschung der BIONIC RESEARCH UNIT der Beuth Hochschule für Technik Berlin, GRIN-Verlag GmbH München, ISBN (e-Book): 978-3-668-02183-9, ISBN (Buch) 978-3-668-02184-6.

[Die09-4] Dienst, Mi.(2009) Physical Modelling driven Bionics. GRIN-Verlag München.

[DUB-95] Dubbel, Handbuch des Maschinenbaus, Springer Verlag Berlin, 15.Auflage 1995.

[Eppl-90] Richard Eppler: Airfoil Design and Data. Springer, Berlin, New York 1990.

[Fel 22-6] Felgenhauer, Mi. (2022). Fluid within Fluid Modellierung. Methoden für das FwF Computing. GRIN-Verlag GmbH München, ISBN(e-Book): 9783346662620; ISBN (Buch):9783346662637, VNR: v1234590

[Fel 22-5] Felgenhauer, Mi. (2022). Modelle und Simulation synthetischer Wirbelspulen. GRIN-Verlag GmbH München, ISBN (eBook): 9783346656353, VNR: v1225465

[Fel 22-4] Felgenhauer, Mi. (2022). Proposal of "Fluid within Fluid" Models. GRIN-Verlag GmbH München, ISBN(e-Book): 9783346647924. VNR: v1215475

[Fel 22-3] Felgenhauer, Mi. (2022). Aspekte von „Fluid within Fluid" Modellen. GRIN-Verlag GmbH München, ISBN(e-Book): 9783346648280.

[Fren-94] French, M.: Invention and Evolution: design in nature and engineering. Cambridge University Press. Cambridge 1994.

[Fren-99] French, M.: Conceptual Design for Engineers. Berlin, Heidelberg, New York, London, Paris, Tokio: Springer: 1999

[Guen-98] Günther, B., Morgado, E. (1998) Dimensional analysis and allometric equations concerning Cope's rule.RevistaChilena de Historia Natural 71: 1989

[Gör-75] Görtler, H. Diemensionsanalyse. Berlin Springer 1975

[Gorr-17] Edgar Gorrell, S. Martin: Aerofoils and Aerofoil Structural Combinations. In: NACA Technical Report. Nr. 18, 1917.

[Gutm-89] Gutmann, W.: Die Evolution hydraulischer Konstruktionen. Verlag W. Kramer: Frankfurt am Main, 1989.

[Hal-10] G. Haller. (2010) A variational theory of hyperbolic Lagrangian Coherent Structures. Physica D: Nonlinear Phenomena,240(7):574–598,2010.

[Hal-00] G. Haller, G.Yuan Lagrangian coherent structures and mixing intwo-dimensional turbulence, Division of Applied Mathematics, Lefschetz Center for Dynamical Systems, Brown University, Providence, RI 02912, USA Received 11 February 2000;

[Hal-01] Haller, G. (2001). Distinguished material surfaces and coherent structures in three-dimensional fluid flows. Physica D: Nonlinear Phenomena, 149(4),

[Hal - 05] Haller, G. (2005) An objective definition of a vortex J. Fluid Mech. 525, 1-26.

[Hal-11] Haller, G. (2011). A variational theory of hyperbolic Lagrangian coherent structures. Physica D: Nonlinear Phenomena, 240(7),

[Hal-15] Haller, G. (2015). Lagrangian coherent structures. Annual Review of Fluid Mechanics,

[Hal-14] Farazmand, M., Blazevski, D., & Haller, G. (2014). Shearless transport barriers in unsteady two-dimensional flows and maps. Physica D: Nonlinear Phenomena, ESSOAr

[Hal - 13] Haller, G., & Beron-Vera, F. J. (2013) Coherent Lagrangian vortices: The black holes of turbulence. J. Fluid Mech., 731, R4, 2013.

[Hal – 15-1] Haller, G. (2015) Lagrangian Coherent Structures. Annual Rev. Fluid. Mech, 47, 137-162.

[Hal – 15-2] Haller, G. (2015) Dynamically consistent rotation and stretch tensors for finite continuum deformation. submitted.

[Hal-16] Haller, G., Hadjighasem, A., Farazmand, M., & Huhn, F. (2016). Defining coherent vortices objectively from the vorticity. Journal of Fluid Mechanics, 795

[Hel - 1858] Helmholtz, H. (1858) über Integrale der hydrodynamischen Gleichungen, welche den Wirbelbewegungen entsprechen. J. Reine und Angew. Math. 55, 25-55.

[Hüt-07] Hütte, 2007, 33. Auflage, Springer Verlag. S.E147

[Hus - 86] Hussain, A. K. M. F. (1986) Coherent structures and turbulence. J. Fluid Mech. 173, 303

[Hun - 88] Hunt, J. C. R., Wray, A. A. & Moin, P. (1988) Eddies, stream, and convergence zones in turbulent flows. Center for Turbulence Research Report CTR-S88, pp. 193{208

[Kar-35] Karman von,T. Burgess J.M. (1935) General aerodynamic theory: perfect fluids, In Aerodynamic Theory vol. II (cd. W. F. Durand), p. 308. Leipzig: Springer Verlag.

[Katz-01] Joseph Katz, Allen Plotkin (2001) Low-Speed Aerodynamics (Cambridge Aerospace Series) Cambridge University Press; 2 edition (February 5, 2001)

[Kab-89] Kaschub, M. (1989) Beitrag zur aerodynamischen Leistungsregelung des Wirbelspulen-Windenergie-Konzentrators. Fortschrittsberichte VDI Reihe 7 Nr. 163, VDI-Verlag Düsseldorf.

[Kra-86] Krasny, R. (1986) Desingularization of Periodic Vortex Sheet Roll-up. Courant Institute oJ' Mathematical Sciences, New York Unioersity, 251Mercer Street, Nen, York, New York 10012, received November 15, 1981; revised July 25, 1985

[Kat-19] Katsanoulis, S., Farazmand, M., Serra, M., & Haller, G. (2019). Vortex boundaries as barriers to diffusive vorticity transport in two-dimensional flows. arXiv preprint arXiv:1910.07355 .

[Ker-17] Kern, M., Hewson, T., Sadlo, F., Westermann, R., & Rautenhaus, M. (2017). Robust detection and visualization of jet-stream core lines in atmospheric flow. IEEE transactions on visualization and computer graphics, 24(1), 893{902.

[Liao-03] Liao, J.C.; Beal, D.; Lauder, G.; Triantayllou, M. Fish Exploting Vortices Decrease Muscle Activty.In: Science 2003, S. 1566-1569. AAAS. 2003.

[Lech-14] Lecheler, S. (2014) Numerische Strömungsberechnung Springer Verlag Berlin Heidelberg. ISBN 978-3-658-05201-0

[Lun-82] T. S. Lundgren, T.S. (1982) Strained spiral vortex model for turbulent fine structure, The Physics of Fluids 25, 2193 (1982); https://doi.org/10.1063/1.863957

[Matt-97] Mattheck, C.: Design in der Natur. RombachVerlag. Freiburg 1997.

[McW - 84] McWilliams, J. C., (1984) The emergence of isolated coherent vortices in turbulent flow. Fluid Mech. 146, 21-43.

[McW - 84] McWilliams, J. C., 1984 The emergence of isolated coherent vortices in turbulent flow. Fluid Mech. 146, 21-43

[Mial-05] B. Mialon, M. Hepperle: "Flying Wing Aerodynamics Studies at ONERA and DLR", CEAS/KATnet Conference on Key Aerodynamic Technologies, 20.-22. Juni 2005, Bremen.

[Mof-84] Moffatt, K.H. (1984) Simple topological aspects of turbulent vorticity dynamics In: Turbulence and Chaotic Phenomena in Fluids, ed. T. Tatsumi (Elsevier) 223-230.

[Nac-01] Nachtigall, W. (2001) Biomechanik. Braunschweig: Vieweg Verlag.

[Nach-98] Nachtigall, W. : Bionik – Grundlagen und Beispiele für Ingenieure und Naturwissenschaftler. Springer-Verlag, Berlin-Heidelberg-New York 1998.

[Nach-00] Nachtigall, Werner; Blüchel, Kurt. Das große Buch der Bionik. Stuttgart: Deutsche Verlags Anstalt: 2000.

[Oert-11] Oertel jr., H., Böhle, M., Reviol, Th. (2011) Strömungsmechanik, Grundlagen.Springer Verlag Berlin Heidelberg. ISBN 978-3-8348-8110-6

[PaBe-93] Pahl. G.; Beitz, W.: Konstruktionslehre, 3.Auflage. Berlin- Heidelberg-New York-London-Paris-Tokio: Springer 1993

[Pei-89] Peintinger, G. (1989) Theoretische und experimentelle Untersuchun-gen an einem Segelflügel-Windkonzentrator. Dissertation FB10 Technische Universität Berlin 1989.

[Rech-94] Rechenberg, Ingo. Evolutionsstrategie'94. Frommann-Holzoog Verlag. Stuttgart: 1994.

[Scha-13] Schade, H. (2013) Strömungslehre. De Gruyter Verlag. ISBN-13: 978-3110292213

[Sun-16] Sun,P.N., Colagrossi, A. Marrone, S. , Zhang, A.M, (2016) Detection of Lagrangian Coherent Structures in the SPH framework, College of Shipbuilding Engineering, Harbin Engineering University, Harbin 150001, China; CNR-INSEAN, Marine Technology Research Institute, Rome, Italy; Ecole Centrale Nantes, LHEEA Lab. (UMR CNRS), Nantes, France.

[Tham-08] Siekmann, H.E., Thamsen, P. U. (2008) Strömungslehre Grundlagen, Springer Verlag Berlin Heidelberg. ISBN 978-3-540-73727-8

[Tho-59] Thompson, D'Arcy, W. (1959) On Growth and Form. London: Cambridge University Press. (Neuauflage der Originalschrift 1907)

[Tho-92] Thompson, D W., (1992). On Growth and Form. Dover reprint of 1942 2nd ed. (1st ed., 1917). ISBN 0-486-67135-6

[Tria-95] Triantafyllou, M.: Effizienter Flossenantrieb für Schwimmroboter. In: Spektrum der Wissenschaft 08-1995, S. 66–73. Spektrum der Wissenschaft-Verlagsgesellschaft mbH, Heidelberg 1995.

[Tria-87] Triantafyllou M., Kupfer K., Bers A. (1987) Absolute instabilities and self-sustained oscillations in the wakes of circular cylinders. Physical Review Letters 59, 1914–1917. ADSCrossRefGoogle Scholar

[Tria-91] Triantafyllou M., Triantafyllou G. S., Gopalskrishnan R. (1991) Wake Mechanics for Thrust Generation in Oscillating Foils, Physics of Fluids A, 3 (12), pp. 2835–2837.ADSCrossRefGoogle Scholar

[Tria-92] Triantafyllou M., Triantafyllou G. S., Grosenbaugh M. A. (1992) Optimal Thrust Development in Oscillating Foils with Application to Fish Propulsion, Journal of Fluids and Structures (Accepted for Publication)Google Scholar

[Vos-15-2] M. Voß, H.-D. Kleinschrodt, Mi. Dienst: "Experimentelle und numerische Untersuchung der Fluid-Struktur-Interaktion flexibler Tragflügelprofile", Resarch Day 2015 - Stadt der Zukunft Tagungsband - 21.04.2015, Mensch und Buch Verlag Berlin, S. 180- 184, Hrsg.: M. Gross, S. von Klinski, Beuth Hochschule für Technik Berlin, September 2015, ISBN:978-3-86387-595-4.

[Vos-15-1] M. Voss, P.U. Thamsen, H.-D. Kleinschrodt, Mi. Dienst (2015): "Experimeltal and numerical investigation on fluid-structure-interaction of auto-adaptive flexible foils", Conference on Modelling Fluid Flow (CMFF'15), Budapest, Ungarn, 1.-4. September 2015, ISBN (Buch): 978-963-313-190-9.

[Vos-15-2] M. Voss, (2015) Experimentelle und numerische Untersuchung flexibler Tragflügelprofile. Dissertation, Technische Universität Berlin 2015.

[Zie - 72] Zierep, J. (1972) Ähnlichkeitsgesetze und Modellregeln der Strömungslehre.

Anhang II: Eingabedatenfile

```
function test=ANALYSEimWindkanal_WSP2_12;    // Vers. 003-044ff Entwicklungs- und Arbeitsversion: ab 30112023 !!!
global DONE BUSY PROCESS                      //
test = BUSY;  pi = 3.14159; timer(); tic(); disp("BUSY: BerechnugsZeit(s)/ CPU-time(s): ",timer());
   // GeneralPath = 'C:\Users\cip-labor\Desktop\MID\C407Forschung\DATAFiles'; // PC407
   //GeneralPath = 'C:\Users\midmid\Desktop\DataFiles'; // PC410
   GeneralPath = 'C:\Users\Micha\Desktop\LCO_Data'; // PCHome
   NarraFeed = 1;   ShoFeed = 0;  gfreq =2; count = 0; gama = (-1)*15.0;
// ################    Startpunkte berechnen ROTOR tip1  ##########################################################
   GamaC_1 = -15.0;  RA =10; xpc = 10; ypc = 15; zpc= 15; W0 = 0; aNr = 1; [xpos,ypos,zpos]= gradPos(RA,aNr,W0,xpc,ypc,zpc);
   X=xpos; Y=ypos; Z=zpos; P1= isaPOLYgonPOINT(NarraFeed,X,Y,Z);
   Poly1 = einPOLYgoneINIT(ShoFeed,NarraFeed,P1,GamaC_1);
   Poly1 = isGAMMA_POLYgon(GamaC_1,Poly1); if NarraFeed>0 then disp("Polygon1  X,Y,Z : ",Poly1); end;
// ################    Startpunkte berechnen ROTOR tip1  ##########################################################
   GamaC_2 = -15.0;   RA =10;  xpc = 10; ypc = 15; zpc= 15; W0 = 0; aNr = 180; [xpos,ypos,zpos]=
gradPos(RA,aNr,W0,xpc,ypc,zpc);
   X=xpos; Y=ypos; Z=zpos; P2= isaPOLYgonPOINT(NarraFeed,X,Y,Z);
   Poly2 = einPOLYgoneINIT(ShoFeed,NarraFeed,P2,GamaC_2);
   Poly2 = isGAMMA_POLYgon(GamaC_2,Poly2); if NarraFeed>0 then disp("Polygon1  X,Y,Z : ",Poly2); end;
// ##############################################################################################################
////################    2 Polygone Impuls itereiren   ###########################
NarraFeed = 0;ShoFeed =1;
for k=1:300      // ############## ab hier entwickelt 16052023FF
    //############  POLYgon 1  ########################
    delx=(1)*0.1; // dy=0.0; dz=0.0;
    GamaC_1 = -15.0;  RA =10; xpc = 10; ypc = 15; zpc= 15; W0 = 0;
    aNr = 3*k;  [x1,y1,z1]= gradPos(RA,aNr,W0,xpc,ypc,zpc);
                [x2,y2,z2]= gradPos(RA,aNr+3,W0,xpc,ypc,zpc);
    dy= y2-y1;  dz= z2-z1;  dx= delx;
    Poly1=POLYgoneLEFT(ShoFeed,NarraFeed,dx,dy,dz,Poly1,GamaC_1);  //
    //############  POLYgon 2  ########################
    delx=(1)*0.1; // dy=0.0; dz=0.0;
    GamaC_1 = -15.0;  RA =10; xpc = 10; ypc = 15; zpc= 15; W0 = pi;
    aNr = 3*k;  [x1,y1,z1]= gradPos(RA,aNr,W0,xpc,ypc,zpc);
                [x2,y2,z2]= gradPos(RA,aNr+3,W0,xpc,ypc,zpc);
    dy= y2-y1;  dz= z2-z1;  dx= delx;
    Poly2=POLYgoneLEFT(ShoFeed,NarraFeed,dx,dy,dz,Poly2,GamaC_2);  //
//////       // ##########   SHOW    #####################################
      ShoFeed = 2;
       if  ShoFeed >0 then        //#### Graphik optional
            count=count+1;
            if count==gfreq, count=0;  clf(ShoFeed);// neu
                    scf(ShoFeed);
                    polygonSHOWs(NarraFeed,ShoFeed,Poly1); sleep(20);
                    polygonSHOWs(NarraFeed,ShoFeed,Poly2); sleep(100);
            end;
        end;   // ## ShofeedLoop
  end;  // ## IterationLoop
     putpath =GeneralPath+'\Polygon_1.txt';  polygonSAVE(NarraFeed,Poly1,putpath); // Fu in properCode
//// // ############################################################################################################
//// // ############################   Analyse und Bilanz im Corridor    ############################################
//// // ############################   das ANALYSEFeld:                  ############################################
        narraFeed =0;
        x11= 1;     x12 = 30.0;       xdim = 30;  vxue  = 2.5;
        y11= 1;     y12 = 30.0;       ydim = 30;  vyue  = 0.0;
        z11= 1;     z12 = 30.0;       zdim = 30;  vzue  = 0.0;    gama = 0;
        Field1 = init3DAnalyseField(NarraFeed,x11,x12,y11,y12,z11,z12,xdim,ydim,zdim,vxue,vyue,vzue, gama);
////// ############################   Induktion im Corridor    ##################################################
        Zpos = 15;
        Field1 = induzAnalyseFELD(ShoFeed,NarraFeed,Field1,Poly1); shoFeed = 3; Shoa2Dplan_XY(shoFeed,NarraFeed,"see:
3DField",Zpos,Field1);
        Field1 = induzAnalyseFELD(ShoFeed,NarraFeed,Field1,Poly2); shoFeed = 4; Shoa2Dplan_XY(shoFeed,NarraFeed,"see:
3DField",Zpos,Field1);
////// ############################   Bilanzen im Corridor     ##################################################
        ShoFeed= 9; bilanz = BilanzField3D(ShoFeed,NarraFeed,GeneralPath,Field1,vxue,vyue,vzue,gama,0); // Im Corridor;
Version 24052023
//////// #######################################################################################################
//////// ########################## basical Graphics    ##########################################################
            Zpos = 15; narraCall=0; shoFeed = 10;
        Shoa2Dplan_XY(shoFeed,NarraFeed,"see: 3DField",Zpos,Field1); // neu aber NOK
         //  lxa=1; lya=15; lza=15;  lxe=30; lye=15; lze=15; shoFeed = 11;
            lxa=30; lya=15; lza=15;  lxe=1; lye=15; lze=15; shoFeed = 11;
        Po2 = ShoALineIna3DvectorField_PlusPlus(shoFeed,narraCall,'3. Profil entlang Punkte-
Set',Field1,lxa,lya,lza,lxe,lye,lze); // neu aber NO
            Xpos= 5; Zpos=15; narraCall=0; shoFRAME=12;
        Shoa1DlineOfa3DvectorField_X(shoFRAME,narraCall,'Line(x= 5LE): ',Xpos,Zpos,Field1);
            Xpos= 10; Zpos=15; narraCall=0; shoFRAME=13;
        Shoa1DlineOfa3DvectorField_X(shoFRAME,narraCall,'Line(x=10LE): ',Xpos,Zpos,Field1);
            Xpos= 15; Zpos=15; narraCall=0; shoFRAME=14;
        Shoa1DlineOfa3DvectorField_X(shoFRAME,narraCall,'Line(x=15LE): ',Xpos,Zpos,Field1);
            Xpos= 20; Zpos=15; narraCall=0; shoFRAME=15;
        Shoa1DlineOfa3DvectorField_X(shoFRAME,narraCall,'Line(x=20LE): ',Xpos,Zpos,Field1);
            Xpos= 25; Zpos=15; narraCall=0; shoFRAME=16;
        Shoa1DlineOfa3DvectorField_X(shoFRAME,narraCall,'Line(x=25LE): ',Xpos,Zpos,Field1);
            Xpos= 30; Zpos=15; narraCall=0; shoFRAME=17;
        Shoa1DlineOfa3DvectorField_X(shoFRAME,narraCall,'Line(x=30LE): ',Xpos,Zpos,Field1);
            Zpos=15; narraCall=0; shoFRAME=20;
        Shoa2DMeshPlanOfa3DvectorField_XY(shoFRAME,narraCall,'XYmesh(zpos=15LE): ',Zpos,Field1);
test= DONE;  disp("DONE: BerechnugsZeit(s): ",toc());
endfunction;
```

Fußnoten/ Endnoten

[1] Aus heutiger Sicht war das weder Freude noch eine Bereicherung meines Lebensweges in der wissenschaftlichen Bionik. Bionik, sprich Biologie und Technik, war zu dieser Zeit und zum Thema der Windkrafttechnik zu einem reinen Verwaltungsgeschäft verkommen. Die entscheidenden Erkenntnisse zur BERWIAN waren gewonnen und veröffentlicht, die ruhmreichen Dissertationen (Peintinger und Kaschub (1989)) geschrieben, das Forschungsgeld schlicht und einfach gestrichen (Riesenhuber Oktober 1982 bis Januar 1993 Bundesminister für Forschung und Technologie), aber die institutseigene Forschung die angefachten Projekte, die Studien- und Diplomarbeiten noch am Leben. Unter den wissenschaftlichen Mitarbeitern wurde das „Resteessen" aufgeteilt. In der Theorie, der Phänomenologie der Windkraftanlage BERWIAN und den noch laufenden Experimenten an den Windkanälen des Fachgebiets und bezüglich der Kontakte zur akademischen Außenwelt. Diese hatte sich gerade enorm vergrößert, denn kurz zuvor hatte sich im Jahre 1989 die Mauer geöffnet und für uns Wessis einen Blick auf die unglaublich vitale Windkraft- und alternative Szene in der DDR und Ost-Berlin im speziellen freigegeben. Die „Grüne Liga" lud mich ein. Also fuhr ich nach Kaulsdorf. Im Westen gab es Wuseltronik, aber im Osten gab es die „Pankgrafen". Die Panke, die ich aus dem Wedding kannte – es führte ein schlecht befestigter Radweg entlang – und die regelmäßig förmlich aufschäumte – in Reinickendorf kennen wir sie als „Nordgraben" hatte zu Mauerzeiten keinen guten Ruf. Und nun das: die „Pankgrafen" hatten es aus irgendeinem Grund geschafft, in der zentralen Mitte der DDR eine Formation gegen den herrschenden Staatseigenen Sozialismus zu schaffen und zu wiederstehen. Der gutherzige Michel – der Wessi, ein Depp - jedenfalls glaubte das! Es ging ja um Windkrafttechnik. In Deutschland. So oder so, wurde ich Mitglied der „Grünen Liga". Vorträge fanden statt im Haus der Wissenschaften der DDR? Diese duster, melancholische Stimmung der Vortragsorte war zu dieser Zeit, wir schreiben die 90erJahre des vergangenen Jahrhunderts, eine durchaus angemessene, und absolut ostige, Atmosphäre. Die „Grüne Liga" der im Abwärtsgang der 90er Jahre befindlichen Forscher und Wissenschaftler der „Ehemals-DDR" hatte durchaus einen akademischen Kern. Aber die Akteure der „Grünen Liga", die wirklichen Wissenschaftler und Forscher waren bereits irgendwo anders hin diffundiert. Im Berlin der 90er Jahre verblieben die naiven Enthusiasten (Ost) und die technikverliebten Ingenieure mit dem Thema Windkraft (West). In dieser Zeit entstanden Freundschaften. Zwischen Ost und West. Die Wessis erkannten, das auch in der DDR der vergangenen zwei Dekaden über alternative Energien nachgedacht und geforscht worden war. Das hatten wir vollkommen vom Schirm verloren.

[2] wie ein Wirbel das Strömungsfeld formt.

[3] Max und Moritz – Eine Bubengeschichte in sieben Streichen ist eine Bildergeschichte des deutschen humoristischen Dichters und Zeichners Wilhelm Busch. Sie wurde Ende Oktober 1865[1] erstveröffentlicht und zählt damit zum Frühwerk von Wilhelm Busch. https://de.wikipedia.org/wiki/Max_und_Moritz

[4] Als die Holländer 1642 Neuseeland entdeckten, waren sie mit rah-getakelten Schiffen unterwegs. Erst 200 Jahre später waren ebenfalls holländische Segler, die das von der katholischen Kirche erlassene Gesetz, nicht am oder gegen den Wind segeln zu dürfen, gestalterisch unterliefen (mit dem Pfahl-Ever, etwa)

[5] Wriggen (mit dem Ruder) und Pumpen (mit dem Segel) ist dem Regattasegler in einer Wettfahrt verboten (racing rule42) und ich füge hinzu: weil es sehr effizient ist, dieser Art das

Boot anzutreiben (to propel the boat!). Beim Pumpen (RR42) wird das Boot in eine periodische Pendelbewegung versetzt, so dass das Rigg eine ebenfalls geordnete Wedelbewegung ausführt, die wie jene einer technischen Schlagflugmethode wirkt. Das polynesische Boot, die Proa, wird aber mit Nichten in Regatten gefahren. Es ist konstruiert, um auf dem offenen Meer zu segeln (sage ich mal). Obwohl das nicht ganz stimmt. Auf dem offenen Meer und in der Inselwelt des Pazifik ist die Proa ein Segelfahrzeug, das ziemlich gut funktioniert.

[6] Robinson Crusoe [ˌrɒbɪnzən ˈkruːsoʊ] ist ein Roman von Daniel Defoe, in dem die Geschichte eines Seemannes erzählt wird, der als Schiffbrüchiger rund 28 Jahre auf einer Insel verbringt. Das Buch erschien 1719. https://de.wikipedia.org/wiki/Robinson_Crusoe
[7] Eine erste Modelvorstellung führt auf eine Wellenfrequenz von etwa 2 Hz in einem gutmütigen Fall, ansonsten auf eine „Schlagfrequenz von f=1Hz!" Die Wellen im Riff sind also dermaßen kurz, dass eine Pendelbewegung über einen Winkel 90 Grad oder 120 Grad gerade mal 1 Sekunde dauern darf. Rechnen wir – zu Gunsten der Anschaulichkeit des Modells und der Aussagekraft der Physik – einen ungünstigen, den sinodialen Fall (90°; f=2 Hz) mit einer Geschwindigkeit von vT = 20m m/s, in einem extremen (günstigen) Fall (120°; f=1 Hz) mit einer Tangentialgeschwindigkeit von vT =40m m/s an der (Blatt-) Spitze eines Proa-Flügels, die sich dann noch vektoriell mit der herrschenden Anströmung zu einer „scheinbaren Geschwindigkeit" vS= f(U∞,VT,W∞) aufaddiert. Gäben wir bei einem Westler in Auftrag, ein „Pendellager" zu entwerfen das „freifliegend" in fluidischer Lagerung einen Hub von 120 Grad realisiert, würden wir (nach gefühlt 3 Dissertationen und 8 Jahren Projekt) vielleicht annähernd die Rumpfform der polynesischen Proa vorfinden. Die theoretisch mögliche fluidmechanische Pendelbewegung des Proa-Rumpfes entspräche dann der möglichen Pendelbewegung eines Krabbenscherenflügels, der in Überlieferungen bis 13 m über der Pendelachse aufragt.
[8] Natürlich kann die Impulsübertragung nicht vollständig gelingen, denn die verbleibende Strömungsgeschwindigkeit im Feld kann nicht auf den Wert Null absinken (Betz, 1920).
[5]Literatur zum Stand der Technik und der Lehrmeinung über Windkrafttechnik.
[Twe 13] Twele, J. Gasch, R. (2013): Windkraftanlagen. Grundlagen, Entwurf, Planung und Betrieb. Springer, Wiesbaden 2013
[Hau 14] Hau, E. (2014): Windkraftanlagen – Grundlagen, Technik, Einsatz, Wirtschaftlichkeit. 5. Auflage. Springer, 2014
[Kal 13] Kaltschmitt, M. , Streicher, W. , Wiese, A. (2013): Erneuerbare Energien. Systemtechnik, Wirtschaftlichkeit, Umweltaspekte. Berlin/Heidelberg 2013, S. 478.
[Kus 22] Kusiek, A. (2022): Windenergieanlagen. Technologie - Funktionsweise – Entwicklung. Hanser Verlag
[Schu 98] Schulz, H. (1998) Kleine Windkraftanlagen. Technik. Erfahrungen. Meßergebnisse. Ökobuch-Verlag
[Mol 90] Molly, J. P. (1978) Windenergie in Theorie und Praxis. Grundlagen und Einsatz. Verlag C. F. Müller.
[10] R. Gasch, J. Twele (2016) Windkraftanlagen. Grundlagen, Entwurf, Planung und Betrieb 9., überarb. u. erw. Aufl. 2016 Springer Fachmedien Wiesbaden GmbH (Verlag), (ISBN): 978-3-658-12360-4.
[11] Oder nach Helmut Kohl: „.. was hinten herauskommt!" Helmut Josef Michael Kohl (* 3. April 1930 in Ludwigshafen am Rhein; † 16. Juni 2017 ebenda) war ein deutscher Politiker der CDU.

Er führte von 1982 bis 1998 als sechster Bundeskanzler der Bundesrepublik Deutschland eine CDU/CSU/FDP-Koalition. https://de.wikipedia.org/wiki/Helmut_Kohl

[12] Das Biot-Savart-Gesetz beschreibt das Magnetfeld bewegter Ladungen. Es stellt einen Zusammenhang zwischen der magnetischen Feldstärke H und der elektrischen Stromdichte her und erlaubt die Berechnung räumlicher magnetischer Feldstärkenverteilungen anhand der Kenntnis der räumlichen Stromverteilungen.
Nach: https://de.wikipedia.org/wiki/Biot-Savart-Gesetz

[13] in der Luftfahrt bezeichnet Abwind (englisch downwash) einen technischen Abwind, wie er von Flugzeugen und Hubschraubern von den Tragflächen bzw. Rotoren bei der Erzeugung von dynamischem Auftrieb entsteht.

[15] http://homepages.hs-bremen.de/~kortenfr/Aerodynamik/script/node44.html

[16] Der Repeller bildet einen Rotorkreis mit dem Radius r um eine Rotationsachse (r=0)

[17] Induzierte Geschwindigkeit v (r=0) in einem Ringwirbelmodell und einem Rotorkreis mit dem Radius r

[18] Entsprechend der Schnelllaufzahl werden unterschieden:
Langsamläufer mit einer Schnelllaufzahl etwa zwischen 1 und 3
Schnellläufer mit einer Schnelllaufzahl etwa zwischen 5 und 12.
https://de.wikipedia.org/wiki/Schnelllaufzahl

[19] Der zylindrische Korridor, den ein Repeller einen Rotorkreis mit dem Radius r bildet, also r=R.

[20] Das Betzsche Gesetz besagt, dass eine Windkraftanlage maximal 16/27 (knapp 60 Prozent) jener mechanischen Leistung, die der Wind ohne den bremsenden Rotor durch dessen Projektionsfläche (Rotorfläche, Erntefläche, Wirkscheibe senkrecht zur Windrichtung) transportieren würde, in Nutzleistung umwandeln kann. Der Faktor wird auch Leistungsbeiwert oder Erntegrad genannt. Das Gesetz stammt von dem deutschen Physiker Albert Betz (1885–1968). Er formulierte es erstmals im Jahr 1919. Sieben Jahre später erschien es in seinem Buch Wind-Energie und ihre Ausnutzung durch Windmühlen. Der britische Ingenieur Frederick W. Lanchester (1868–1946) publizierte schon 1915 ähnliche Überlegungen. https://de.wikipedia.org/wiki/Betzsches_Gesetz

[21] Frequenz f [1/s] = n [1/min] / 60 [s] / 1[min]

[22] Lift-Beiwert, gesetzt: $C_L = 1$

[23] Ein schon etwas betagter PC: Intel® Core™ i72600K CPU@3.4 GHz.

[24] Wir wissen heute, dass auch kleinere Windräder mit dreiflügligen Repellern „günstiger" sind in Betrieb und Fertigung als ihre wilden zweiarmigen Vorgängerinnen aus den experimentierfreudigen 80er Jahren des vergangenen Jahrhunderts. Damals konkurrierten mit domestizierter Dreiflügler und ihrer Direkteinspeisung in vorhandene Stromnetze noch andere Konzepte hinsichtlich der Energieverwertung. Windräder durften noch die „Allesfresser" sein, die beispielsweise als Heizmühle und um mit einem (Waschmaschinen-) Heizstab ergänzten fossilen Heizkessel die Energiebilanz einer kleinen Immobilie versilberte, ohne auf eine Einspeisevergütung gönnerhafter Politiker zu spekulieren. Man hat heute, in der Harbek'sche Ära – die sehr kurz sein wird – als technikverliebter Booomer den Eindruck, dass es die Politik gar nicht so ernst meint mit der Energiewende und der Transformationsnotwendigkeit. Würde ein kluge Energiepolitik nicht alle von uns Ingenieur:innen angebotenen Lösungen aufsaugen, wie ein Schwamm? Aber er weiß einnfach nicht, wovon wir reden. Lokale additive 24-Volt-Netze, BERWIAN, Grauwasser,

Heizmühlen, (https://www.aerocatcher.de/windkraft/komplett-sets/257/windkraftanlage-heiz-muehle) Kleinvoltaik, Grätzelzellen (nach Michael Grätzel, der sie 1992 patentieren ließ) , Wasserstoff produzierende Purpurbakterien (https://www.energetische-biomassenutzung.de/news-media/bioenergiekoepfe) Balkonkraftwerke, Windkonzentratoren (https://de.wikipedia.org/wiki/Windkonzentrator) usw. Legen Sie doch mal – nur so zum Spass – eine 24V Leitung durch die Küche und bitten den Vermieter, der mitunter nicht deutsch spricht um eine Genehmigung. Es wäre Selbstmord.

[25] Während ich diesen Text hier schreibe, läuft auf meiner betagten Maschine eine Simulation nach der anderen, ohne dass Kosten für Miete oder Lizenzen anfallen.

[26] Bei Gestaltungsfragen ist der zweite Gradient von Bedeutung. Man denke an den Bezier-Spline und seine Bedeutung für die Generierung von Freiformkurven und Oberflächen. Hier in der Strömungsanalyse habe ich den Parameter erhoben einfach nur deshalb, weil ich ihn hatte.

[27] Tatsächlich sind Repeller aus den 70er Jahren des vergangenen Jahrhunderts bekannt, die eine Schlagflügelbewegung ausführen (TU Berlin, FG Luft- und Raumfahrttechnik, Prof. Gasch), so genannte (Hubflügel-) Windpumpen für die Trinkwassergewinnung in Schwellenländern (wie es damals hieß).

[28] Die Ahornfrucht als potentielles Vorbild für einen Einarm-Repeller führt eine Rotationsbewegung aus, der eine Meta-Rotation einbeschrieben ist. Der Flug des Ahorns ist so extrem effizient, wie er bislang wenig erforscht ist.